抢险救灾中的工程机械输送

陈 俊 刘鲁宁 崔 静 公丕平 编著

北 京
冶金工业出版社
2023

内 容 提 要

抢险救灾是近年来的热点问题,本书集作者十余年的工程机械使用管理教学经验,结合抢险救灾研究,根据抢险救灾中工程机械的需求,重点分析了抢险救灾中所能采用的工程机械以及用不同的运输方式运达现场,即从运输计划、装载准备、捆绑加固、卸载注意事项等方面探讨工程机械抢险救灾输送。

本书可供相关抢险救灾从业人员参考,也可供高等院校抢险救灾大型机械、车辆输送等相关专业师生阅读。

图书在版编目(CIP)数据

抢险救灾中的工程机械输送/陈俊等编著. —北京:冶金工业出版社,2023.6

ISBN 978-7-5024-9448-3

Ⅰ.①抢… Ⅱ.①陈… Ⅲ.①工程机械—运输 Ⅳ.①TH2

中国国家版本馆 CIP 数据核字(2023)第 104426 号

抢险救灾中的工程机械输送

出版发行 冶金工业出版社		**电 话**	(010)64027926
地 址 北京市东城区嵩祝院北巷 39 号		**邮 编**	100009
网 址 www.mip1953.com		**电子信箱**	service@ mip1953.com

责任编辑 王悦青 程志宏 **美术编辑** 吕欣童 **版式设计** 郑小利
责任校对 葛新霞 **责任印制** 窦 唯
北京印刷集团有限责任公司印刷
2023 年 6 月第 1 版,2023 年 6 月第 1 次印刷
710mm×1000mm 1/16;9.75 印张;187 千字;147 页
定价 60.00 元

投稿电话 (010)64027932 **投稿信箱** tougao@cnmip.com.cn
营销中心电话 (010)64044283
冶金工业出版社天猫旗舰店 yjgycbs.tmall.com
(本书如有印装质量问题,本社营销中心负责退换)

前　　言

随着全球性气候变暖，地壳运动进入一个新的活跃时期而导致灾害频发。我国是世界上自然灾害发生频率较高、灾害种类较多的国家之一。近现代以来，地震、洪水等自然灾害给国家和人民带来了巨大损失。而近年来，在应对低温雨雪冰冻灾害、汶川地震、玉树地震、舟曲泥石流、长江流域大洪水等抢险救灾行动中，工程机械发挥了积极作用，特别是推土机、挖掘机、装载机、起重机等大型机械更是必不可少。灾难发生时，时间就是生命，效率就是希望，要想将工程机械尽快投入到抢险救灾行动中，关键是能够及时把工程机械输送到灾区。如何快速地把救灾中所需的工程机械及时运送到灾区，减少人民的生命、财产损失，就是本书主要讲述的内容。

本书共7章，内容包括工程机械在抢险救灾中的作用，以及抢险救灾中常用的工程机械种类，分公路运输、铁路运输、航空运输、水路运输四种运输方式阐述了工程机械输送问题。从运输计划、装载准备、捆绑加固、卸载注意事项等方面探讨工程机械抢险救灾输送，并提出运输系统及工程机械发展方向，以便更好地实现抢险救灾作用。

在本书的撰写过程中作者查阅了部分书籍和文献资料，在此对相关文献资料的作者表示衷心的感谢。由于作者水平有限，书中若存在不足之处，恳请广大读者批评指正。

作　者

2023 年 1 月

目　　录

第一章　自然灾害与抢险救灾

近年来，我国乃至世界自然灾害频发。什么是自然灾害，它们的成因是什么，会带来哪些影响，以及抢险救灾是如何开展的？这些概念必须首先厘清。

第一节　自　然　灾　害

一、自然灾害及其成因

地球上的自然变异，包括人类活动诱发的自然变异无时无地不在发生，这种变异会给人类社会带来危害，即构成自然灾害，自然灾害孕育于大气圈、岩石圈、水圈、生物圈共同组成的地球表面环境中。因为它给人类的生产和生活带来了不同程度的损害，故灾害都是消极或破坏的作用。所以说，自然灾害是人与自然矛盾的一种表现形式，具有自然和社会两重属性，是人类过去、现在、将来所面对的最严峻的挑战之一。

人类要从科学的意义上认识这些自然灾害的发生、发展，尽可能减小它们所造成的危害，这是国际社会的一个共同主题。自然灾害包括由于自然异常变化造成的人员伤亡、财产损失、社会失稳、资源破坏等现象或一系列事件。它的形成必须具备两个条件：一是有自然异变作为诱因；二是有受到损害的人、财产、资源作为承受灾害的结果。自然灾害系统是由孕灾环境、致灾因子和承灾体共同组成的地球表层变异系统，灾情是这个系统中各子系统相互作用的结果。自然灾害是人类依赖的自然界中所发生的异常现象，且对人类社会造成了危害的自然现象和时间。它们既包括地震、火山爆发、泥石流、海啸、台风、龙卷风、洪水等突发性灾害，也有地面塌陷、地面沉降、土地沙漠化、干旱、海岸线变化等在较长时间中才能逐渐显现的渐变性灾害，还有臭氧层变化、水体污染、水土流失、酸雨等人类活动导致的环境灾害，这些自然灾害和环境破坏之间又有着复杂的相互联系。

二、自然灾害的类型及特点

（一）风灾

这里所指的风是指在气象学上所称的热带气旋，它是一种发生在热带或副热带海洋上的气旋性涡旋。目前，世界气象组织将热带气旋按其中心附近风力大小分成四类：中心附近最大风力达到 7 级（风速为 13.9～17.1m/s）及其以下的为热带低压；中心附近最大风力达 8～9 级（风速为 17.2～24.4m/s）及其以下的为热带风暴；中心附近最大风力达 10～11 级（风速为 24.5～32.6m/s）的为强热带风暴；中心附近最大风力达 12 级（风速为 32.7m/s）以上的为台风。另外，龙卷风、干热风、沙暴等也属于风灾，但由于人力不可抵御，或它们主要发生在特殊地形和地理条件上，因此本节不进行讨论。[1]

我国是世界上少数几个受热带气旋严重影响的国家之一。在西北太平洋地区出现的热带气旋，大约每四个就有 1 个在我国大陆登陆，如果把未登陆但对我国造成影响的计算在内，比例会更高。为增强针对性，我们所说的风灾现象特指中心附近最大风力在 8 级以上的热带气旋，包括以下几个特点。

1. 群发特征强

热带气旋中心气压很低，它和外围正常的气压场之间形成很大的气压梯度，因而形成非常强的狂风，甚至可以达到 17 级以上。由于中心气压低，形成很强的气流辐合，因而中心附近会出现很强的暴雨，降雨量经常可达 300～400mm，最多可达 2000mm 以上。同时热带气旋对海浪具有夹卷作用，浪借风威，风助浪势，形成风暴潮，潮位比正常潮位要高 1～5m。因此，热带气旋是一种灾害性的天气系统，一旦生成并登陆，常伴有狂风、暴雨、巨浪、狂潮，有时还有海啸，具有明显的群发特征。

2. 活动范围广

热带气旋登陆的地区几乎遍及我国沿海，不仅北起辽宁，南至两广和海南的漫长沿海地区时常遭受热带气旋的袭击，而且大多数内陆省份也会受到直接或间接的影响，甚至酿成严重灾害。1956 年 8 月 1 日夜间在浙江象山登陆的台风（风速达 55m/s），曾深入内陆腹地，穿过浙江、安徽、河南、山西等省后，在陕西与内蒙古交界处消失，范围之大、深入之远，为新中国成立以来所罕见。

3. 危害程度高

2005 年，美国飓风"卡特里娜"在巴哈马群岛附近生成，进入墨西哥湾后，迅速增强为 5 级飓风（中心平均风速达 78m/s），在美国登陆后，给路易斯安那州造成灾难性的破坏，飓风带来的巨浪和洪水毁伤防洪堤，致该市八成地方遭洪水淹没，90% 的建筑物遭到了毁坏，造成的经济损失高达 2000 亿美元，至少1833 人丧生，灾区有 30 万～40 万名儿童无家可归。

（二）洪灾

洪水是指由于大面积降雨和冰雪融化及堤坝溃决等原因，使水流流量突然增大，超出水道的天然或人工限制界限的异常高水位水流，由此造成的灾害称为洪灾。洪灾具有以下几个特点。

1. 季节性比较明显

洪灾的最主要原因是大面积降雨，由于降雨量的季节性变化及我国河流的分布状况，使洪灾的发生具有明显的季节性。春夏之交，华南地区多降暴雨，受其影响，珠江流域的东江、北江，在5—6月易发生洪水，西江在6月中旬至7月中旬易发生洪水；6—7月主雨带北移，受其影响，长江流域易发生洪水，四川盆地各水系和汉江流域洪水发生期持续时间较长，一般为7—10月，淮河、黄河、海河流域和辽河流域主要洪水期为7—8月，松花江流域的洪水主要在8—9月发生；另外，沿海地区由于受台风的影响，在6—9月的梅雨期内易发生洪水。

2. 地域性相对集中

我国地域辽阔，具有发生多种类型洪水灾害的自然条件，是世界上发生洪灾最为频繁的少数几个国家之一（我国与孟加拉国并列为世界上发生洪灾最为频繁的国家）。除沙漠、极端干旱区和高寒区外，约三分之二的国土面积都可能发生不同程度和不同类型的洪水灾害，其中，山地、丘陵和高原约占70%，易发生山洪灾害和冰雪洪水灾害的地域，平原约占20%，大都处于黄河、淮河、海河、长江、珠江、辽河、松花江七大江河的中下游地区，是我国发生洪水灾害最严重、最普遍的地域。另外，我国海岸线长达18000km，因潮汐、台风、风暴潮等原因，也时常发生海岸洪水灾害。

3. 危害性相当严重

洪水灾害对农业生产的危害最大，一旦发生，将淹没、冲毁农作物，破坏农业生产设施，造成农业生产减产或绝收，同时，洪灾还危及城乡居民的生命安全，毁损社会财产，破坏交通、通信、电力系统及水利设施。1998年长江洪水是继1931年和1954年两次洪水后，20世纪发生的又一次全流域型的特大洪水；嫩江、松花江洪水同样是150年来最严重的全流域特大洪水。据初步统计，包括受灾最重的江西、湖南、湖北、黑龙江四省，中国共有29个省（区、市）遭受了不同程度的洪涝灾害，受灾面积达3.18亿亩（1亩≈666.67m²），成灾面积达1.96亿亩，受灾人口为2.23亿人，死亡4150人，倒塌房屋685万间，直接经济损失达1660亿元。

（三）地震

地震亦称地动，是地壳快速释放能量过程中造成的振动，期间会产生地震波的一种自然现象。人类历史上的地震记载可追溯到公元前40世纪，没有其他自然现象能像地震那样，在如此大的面积、如此短的时间里，造成如此大的破坏。地震具有下述主要特点。

1. 突发性强

地震属于一种猝发性事件，震前没有明显的预兆，往往在瞬间突发剧变，使人们来不及做出有效的反应，顷刻间便毁于一旦。目前人类对地震的时间、地点和强度都难以做出准确的预测。如 1960 年 2 月 29 日摩洛哥的阿加迪尔地震，从大地晃动到全城化为废墟仅 15s，3500 栋房屋即刻成了瓦砾堆，正在酣睡中的人们根本来不及反应，非死即伤，死亡 1.6 万人，占全城人口的一半以上。

2. 破坏性大

由于地震是一种地质剧变现象，瞬发时，往往给地面上的人和物造成整体性破坏，大震级的地震还会给广大的地区造成毁灭性的灾难。如 2008 年 5 月 12 日四川汶川发生 8.0 级特大地震，地震波及大半个中国及亚洲多个国家和地区，严重破坏地区超过 10 万平方千米，地震共造成近 7 万人死亡，37 万余人受伤，2 万余人失踪，直接经济损失达 8451 亿元。

3. 继发性突出

地震灾害不仅直接造成建筑物倒塌、设施毁坏和人员伤亡，而且还会引发一系列次生灾害和衍生灾害，甚至小地震造成大灾，如火灾、水灾、毒剂泄漏、细菌污染及滑坡、泥石流、海啸等，都有可能发生，从而使灾后情况雪上加霜。如 2011 年 3 月 11 日日本发生 9.1 级特大地震，震中位于东京以东约 373km 的海域，此次地震是日本史上规模最大的地震。地震引起的海啸也是最为严重的，受到海啸袭击的范围，南北长约 500km，东西宽约 200km，创下日本海啸波源区域最广的纪录，地震和海啸造成至少约 16000 人死亡、2600 人失踪，遭受破坏的房屋约 130 万栋，是第二次世界大战后日本伤亡最惨重的自然灾害。

三、自然灾害带来的影响

人类自从诞生以来，不断地与自然灾害进行斗争。洪涝、干旱、风灾、地震、海啸、火山爆发和泥石流等自然灾害带来了沉重的生命损失，造成了严重的经济财产损失。

（一）灾害严重威胁人类的生存和生活

2018 年 10 月 11 日，联合国国际减灾战略署（UNISDR）发布报告称自然灾害正在急剧增加。1998—2017 年间，全球发生重大自然灾害 7255 件，全世界因为自然灾害死亡 130 万人，还有 44 亿人受伤或失去生计，同期造成的经济损失为 2.9 万亿美元，比上一个 20 年（1978—1997 年）增加 2.2 倍[2]。

2004 年 12 月 26 日，印度洋大海啸袭击了印度洋沿岸的 12 个国家，是数十年以来最具毁灭性的自然灾害之一。据不完全统计，死亡与失踪的人数超过 20 万人，引起了全世界人们的同情并开展了史无前例的国际援助，另据联合国网站报道，2008 年，全球共发生 321 起大的自然灾害，直接导致 23.5 万多人死亡，2.116 亿多人受到影响，经济损失高达 1810 亿美元，其中缅甸遭遇的"纳尔吉斯"强热带风暴和中国汶川大地震造成了严重的人员伤亡；2010 年 1 月 12 日海地发生的地震中的死亡人数又突破了 20 万人；2011 年 3 月 11 日，日本发生的大地震和海啸中死亡和失踪的人数已经超过 2 万人，并引发了严重的核泄漏危机；2013 年 11 月 8 日，菲律宾台风"海燕"造成了 6000 人死亡，超 360 万人流离失所；2015 年 4 月，尼泊尔大地震，造成 8000 多人死亡；2018 年 9 月，印度尼西亚地震和海啸，造成 2800 多人死亡；2020 年菲律宾塔里塞火山爆发、澳大利亚堪培拉山火肆虐、肯尼亚索马里等地区发生蝗灾及全球肆虐的新冠疫情，给人类带来了沉重的打击，表 1-1 为 1970—2020 年死亡人数较多的主要灾害。

表 1-1　1970~2020 年死亡人数较多的主要灾害

死亡/人	事　件	日　期	国家或地区
300000	暴风、洪水	1970.11	孟加拉国
255000	唐山地震	1976.07	中国唐山
225750	海地地震	2010.01	海地
220000	印度洋海啸	2004.12	印尼、泰国
200000	海地地震	2010.01	海地
138300	风暴纳尔吉斯	2008.05	缅甸
138000	热带旋风高尔基	1991.04	孟加拉国
120000	新冠疫情	2020.01	美国、英国等
87449	汶川地震	2008.05	中国汶川
73300	地震	2005.10	巴基斯坦
66000	地震	1970.05	秘鲁
55300	热浪	2010.06	俄罗斯
40000	地震	1990.06	伊朗
35000	热浪、干旱	2003.06	法国、意大利、德国
26271	地震	2003.12	伊朗
25000	地震	1988.12	亚美尼亚
23000	火山爆发	1985.11	哥伦比亚
22084	地震	1976.02	危地马拉
20000	地震、海啸	2011.03	日本
19737	地震	2001.01	印度，巴基斯坦
19118	地震	1999.08	土耳其
15000	洪水	1999.10	印度、孟加拉国

死亡/人	事 件	日 期	国家或地区
10000	洪水、泥石流、塌方	1999.12	委内瑞拉、哥伦比亚
9500	地震	1985.09	墨西哥
9475	地震	1993.09	印度
9000	米奇飓风	1998.10	洪都拉斯、尼加拉瓜
8200	地震	2015.04	尼泊尔
6425	神户地震	1995.01	日本
5112	暴雨	2001.11	巴西
5000	地震	1987.03	厄瓜多尔
2800	海啸	2018.09	印尼

(二) 灾害是世界发展的最大绊脚石

1998—2017 年间, 从国别来看, 美国遭受的经济损失最大, 达 9488 亿美元, 2005 年和 2017 年的飓风袭击给美国造成严重破坏, 第二位是受到 1998 年大洪水和 2008 年汶川大地震袭击的中国, 损失达 4922 亿美元, 受到 2011 年 "3·11 大地震" 袭击的日本则位列第三。由于许多国家, 特别是低收入国家受损不明, 所以 UNISDR 认为, 这些国家实际的损失可能要大得多, 同时, 与高收入国家相比, 防灾准备不足的低收入国家的民众伤亡率也更高。

中国是一个自然灾害多发的国家, 同时也处在突发公共事件的上升期和高发期。据统计, 仅在 "十五" 期间, 全国因灾死亡 11906 人, 紧急转移安置人口 3523 万人 (次), 倒塌房屋 1006 万间, 经济损失共计 9108 亿元。仅 2004 年全国共发生各类突发公共事件共 561 万起, 造成 21 万人死亡, 175 万人受伤, 因自然灾害、事故灾难和社会安全事件造成的直接经济损失就超过 4550 亿元。1990—2008 年间, 平均每年因各类自然灾害造成约 3 亿人次受灾, 倒塌房屋 300 多万间, 紧急转移安置人口 900 多万人次, 直接经济损失达 2000 多亿元, 特别是 1998 年发生在长江、松花江和嫩江流域的特大洪涝, 2006 年发生在四川、重庆的特大干旱, 2007 年发生在淮河流域的特大洪涝, 2008 年年初发生在中国南方地区的特大低温雨雪冰冻灾害, 2010 年发生在青海玉树的地震及甘肃舟曲特大泥石流灾害, 均造成重大损失。2008 年 5 月 12 日发生在四川省的汶川大地震更是造成直接经济损失 8451.4 亿元, 2019 年各种自然灾害共造成 1.3 亿人次受灾, 909 人死亡, 直接经济损失 3270.9 亿元。另外, 中国城市的灾害风险十分严峻, 中国首都北京是世界上曾经发生过里氏八级以上地震的 3 个首都之一。按照联合国人居署 (UN-HABITAT) 的数据, 全球 3351 个城市位于低海拔的沿海地区,排名前 30 位的城市中，19 个城市地处河流三角区，按照暴露于洪灾的人口数量排名，广州、上海分别处于第二、第三位。

第二节　抢险救灾行动

一、抢险救灾的含义

从内容上看，抢险救灾的含义有广义和狭义之分。广义的抢险救灾是指对可能的致灾险情或已经发生的灾害所进行的预防抢救行为，表现为灾前防护、灾中救助、灾后赈济三大环节和测、报、防、抗、救、援六大措施，可以这样认为，人类为减轻灾害造成的损失所从事的一切有效活动，均可以称之为抢险救灾，其主要内容如下有六个方面：

（1）灾害监测和预报，即通过对灾害前兆、灾害发展趋势进行有效的检测，提供准确的数据和信息，进行预警和预报，引导人们采取有效的避防措施；

（2）消除灾害源和灾害载体，或降低灾害源的强度、抑制灾害载体的能量，如采取人工降雨缓解干旱，采用人工放炮减轻雹灾，发展水利设施减轻洪灾，种植防风林带减轻风灾，控制烟尘和二氧化碳的排放防止全球气温上升等；

（3）对可能的受灾对象采取防护性措施，这是目前为了减轻灾害损失所采取的最主要措施，如在灾害发生前将人员和可移动资产撤离灾区，对某些重要设施采取加固或规避措施，在楼房内开设安全通道，在车（船）体内装置自动灭火系统等；

（4）对现实的受灾体实施紧急抢救，这是灾害发生时或灾后一段时间内最紧迫的减灾措施，具体内容将在狭义的抢险救灾中阐述；

（5）灾后援建，即灾区生产和社会生活的恢复活动，包括安排灾民生活，扶持灾区发展生产，恢复灾区公益设施，维护灾区社会秩序及组织发动、接收分配、使用管理国内外救灾捐赠款物等措施；

（6）总结交流减灾工作经验，这是为进一步增强减灾工作效果而采取的减灾措施，如分析灾害起因、搜集灾害信息、进行救灾统计、撰写减灾论文、组织减灾学术研讨等。

狭义的抢险救灾，简而言之就是对灾害的紧急排险和施救，是一种对可控性灾害而采取的应急救援行动，是最紧张、最激烈、最直接的减灾行动。其主要内容如下：

（1）迅速准确地掌握灾情，果断确定救援行动方案；

（2）紧急动员和组织一切力量参与救灾；

（3）全力抢救正在受灾的人员、物资、设施和环境；

（4）坚决抵抗和预防次生灾害、伴发灾害，采取有效措施遏制灾害扩展；

（5）及时、妥善解决灾民临时性的生活问题；

（6）积极抢救、修复被灾害破坏的交通、供电、供水、通信等生命线工程；

（7）强制性地维护灾区的社会秩序。

本书主要从狭义范围对抢险救灾行动进行研究。

二、抢险救灾行动的特点

灾害的本质在于其对人类社会既定环境和既定秩序的破坏，由于灾害发生的都比较突然，导致人员伤亡、财产损失等，这就决定了抢险救灾行动具有以下特点。

（一）社会性

（1）抢险救灾是全社会成员的共同行动。"一方有难，八方支援"，形象生动地概括了抢险救灾行动社会化的特性，灾害的规模越大，抢险救灾行动的社会化程度就越高，一般来说，抢险救灾行动至少涉及社会的三大主体：一是政府组织，即从中央到基层的各级政府及其机构，是抢险救灾的核心领导力量；二是准政府组织，即工程技术部门人员和各种武装力量，包括解放军指战员、武警官兵、公安干警及民兵和预备役部队等，这是抢险救灾的基本力量；三是非政府组织，即民间组织的团体和个体，包括工、农、商、学、医等，其行动特点主要体现为行为的自发性、利益的关联性和情感因素的驱动性，是一支不可或缺的抢险救灾力量。三大主体相互作用，使抢险救灾形成了全民、全社会共同参与的社会化行动。

（2）抢险救灾的作用对象是人类社会自身。人类与灾害的斗争从形式上看是与灾害现象相抗争，但从本质上讲，是为了人类社会自身的生存和发展而采取的救助行动，无论是他救还是自救形式的抢险救灾，目的都在于使灾害对人类社会造成的损失减轻到最低限度，是人类作用于自身及赖以生存发展的自我抢救行为。

（3）抢险救灾对社会发展具有深刻的影响。新中国成立后，党和政府十分重视救灾工作，逐步形成了政府领导、部门分工、对口管理、相互配合、社会协同的救灾管理新体制，救灾工作取得了历史上前所未有的巨大成就，尽管每年都有一些地区发生各种不同程度的灾害，但灾后人民的生产、生活基本有保证，不仅保持了国民经济持续增长，也促进了社会的安全稳定，充分反映了抢险救灾对社会发展的深刻影响。

（二）时效性

抢险救灾的时效性，是由灾害的危害特点决定的。一方面，从灾害现象的成灾过程看，无论是突发性灾害还是缓发性灾害，其成灾强度都有一个随着时间延长而增大的过程，只是缓发性灾害，比突发性灾害表现得更为明显一些，显然，尽早地在灾害强度比较弱的情况下投入抢救，就能够减轻行动组织的复杂程度，提高抢救效果；另一方面，从灾害受体的情况看，人员的生与死、物资财产的存与毁、经济损失的大与小，与抢救速度有着直接的联系，速度越快，效果也就越明显。因此，抢险救灾的时间和速度，是关系到抢救效果的两大直接因素，决定了抢险救灾必须具有很强的时效性。

（三）强制性

抢险救灾是一个相对比较复杂的应急行动过程，必须采取一些强制性措施进行有序化管理，而且灾害的强度越高，规模越大，持续时间越长，抢险救灾行动就越需要采取更多的强制性措施。

抢险救灾的参与具有强制性。可以想象，如果一个国家不注意对公民参与抢险救灾的行为进行有效的规范引导，而是放任公民根据利益关系原则决定是否参与的话，势必使人们对政府失去信任感，进而助长人们的无政府情绪，破坏一个国家的政局稳定，其危害比灾害本身要大得多。因此，在加强社会保障制度的同时，有必要对公民参与抢险救灾行动的义务和责任进行严格框定，在这方面，我国政府在一些灾害管理的单行法中都有明确的规定，例如，中华人民共和国国务院发布的《中华人民共和国防汛条例》规定，"任何单位和个人都有参加防汛抗洪的义务"；《破坏性地震应急条例》也规定："任何组织和个人都有参加地震应急活动的义务"。这就从法律上明确了参与抢险救灾行动是一种带有强制性的责任行为。

抢险救灾的实施需要强制性。在抢险救灾实施过程中，最难处理的，往往是全局利益与局部利益的关系，在为了全局利益而需要牺牲局部利益时，如果没有必要的强制措施，就根本无法保证整个抢救工作的顺利进行，所以必须赋予抢险救灾的组织必要的权力。《中华人民共和国防汛条例》中明确规定，"为了防汛抢险需要，防汛指挥部有权在其管辖范围内，调用物资、设备、交通运输工具和人力"，"因抢险需要取土占地、砍伐树木、清除阻水障碍物的，任何单位和个人不得阻拦"。类似条文在其他灾种的管理法规中均有体现，这就为强制性地实施抢险救灾行动提供了法律依据。

（四）复杂性

抢险救灾绝不是简单的抢救行动，而是一项极为复杂的系统工程。其复杂性主要体现在以下三个方面。

（1）事发现场的境况比较混杂。一方面，灾害发生后，往往危情迭起，险象环生，告急信息繁多，使人难以判断和处置，尤其是大规模灾害发生后，不仅有原生灾害造成的破坏，还有次生灾害、衍生灾害形成的威胁，不仅有正在发生的破坏景况，还有随时可能产生的险情隐患；另一方面，事发现场的秩序比较杂乱，如车祸、空难、塌方、失火等灾害，事发现场往往有许多围观群众，加上急于了解情况的受难者家属搅扰和急于"抢新闻"的记者的涌入等，更加剧了事发现场的混乱程度，这就使得抢险救灾一开始就要面对和解决一系列复杂问题，不仅要在把握全局、判定主要方向、确定抢救方案等问题上费一番周折，而且还要在控制现场、维护秩序的问题上做大量工作，无形中增大了抢险救灾组织实施行动的复杂程度。

（2）抢险救灾的力量比较庞杂。灾害发生时，参与抢救行动的单位比较多，各种抢救力量蜂拥而至，既有有组织的，也有自发的；既有专业人员，也有一般人员；既有部队的抢救队伍，也有地方的抢救组织。由于平时这些单位大都不存在隶属关系，因此要统一协调各种力量的行动，是非常复杂和困难的，同时，单位多必然导致指挥机构多，使得统一的指挥机构在抢救行动初期，对各种抢救力量难以实现有效的掌握和控制，增大了抢险救灾组织实施的难度。

（3）抢险救灾的作业实施比较繁杂。在具体的抢救作业中，作业的组织者必须考虑到方方面面的因素，稍有不慎，不仅起不到抢救作用，甚至会造成新的危害。如对各种自然灾害的抢救，不仅要考虑到对原生灾害的抢救，而且要考虑到对次生灾害和衍生灾害的预防与抢救，不仅要救人，而且要救物。一些灾害如空难、海难、核化泄漏的救援，还要涉及许多技术性问题，需要专业抢救队伍和一般抢救队伍共同协作才能完成，同时，对作业器材的筹措补充及作业人员的各项保障也是作业实施必须考虑的重要问题，这就使得抢救作业实施变得十分复杂。

（五）机断性

抢险救灾的机断性，是指参与抢险救灾的组织和个人，在紧急和非常时刻，根据灾情状况和对灾情发展趋势的正确判断，自主、果断地确定抢救方案、选用抢救手段、实施抢救行动。

灾害发生的意外性和行动预案的不确定性，决定了抢险救灾的机断性，为有效地抵御和消除各种灾害的威胁和破坏，预先有针对性地制定各种抢险救灾行动预案，对于提高抢险救灾效果是非常重要的。但是，由于灾害发生大都比较突然，往往出乎人们的意料之外，即使是一些有一定预警期的灾害，其发生的具体时间、地点、强度及危害方式等因素也很难准确判定，这就使得抢险救灾行动预案必然存在许多不确定的因素，如对灾情的判断比较模糊、对行动任务的部署比较概略、对作业手段的确定操作性不强等。因此，任何抢险救灾行动都不可能完全按照行动预案去组织实施，参与行动的各种组织必须依据灾害发生的实际情况，采取机断措施，以弥补行动方案的不足，同时在抢险救灾具体实施的过程中，必定存在许多意外情况和一些需要现场临机处置的问题，如果事事都要向指挥中心请示报告，势必耽误抢救时间，削弱救护效果，甚至造成不必要的损失和伤亡。因此，有必要赋予一线指挥员相应的机断权，使他们能够在紧急情况下，以勇于负责的精神进行临机处置，提高抢救行动的有效性。

必须指出的是，抢险救灾中的机断权是不能滥用的，一般来说，下列几种情况比较适用：一是联系中断，无法得到上级指挥机构的指令；二是情况紧急，非采取断然措施不能解除；三是时间紧迫，拖延只会增加无谓的伤亡和损失；四是灾情突变，在职责的范围内允许改变任务；五是为完成已明确的任务而选择具体的行动方案和手段。

三、抢险救灾面临的主要问题

抢险救灾活动面临的任务或使命，就其核心或实质而言，就是全面恢复，重建"天"与"人"之间的和谐发展。主要存在以下困难：

（1）灾情事发突然，大型机械难驰援。灾情难以预测、事发突然是自然灾害发生的显著特征，灾害一旦发生，快速向灾区投送救援力量是首要任务，但大型专业装备的快速机动问题，往往受到较大制约。一是客观环境制约。自然灾害往往对交通、水利、通信设施等造成破坏，机动道路阻塞，通信联络不畅，使装备投送难以快速到位。二是装备性能受限。目前，现有的可直接参与救援的装备，尤其是工程机械等大型装备数量不多，受装备自身性能影响，机动速度、专业抢修和连续作业能力还不强。三是投送能力不足。就近可调集的大型专业救援装备数量不足，通常需要实施远程机动，并依靠铁路输送，特定条件下还需空中输送，灾情一旦发生，在短时间内很难将大型救援装备快速运抵灾区。

（2）救灾任务繁重，物资器材难筹集。灾情发生后，面临着抢救人民生命财产、抢修民生设施、投送物资器材、协助重建生产等多重任务，对装备物资器材需求量较大，短时间内难以筹措。一方面，现有制式器材不多，各个地方制式救灾装备器材普遍紧缺；另一方面，应急筹集不便。由于灾情涉及范围广、救灾消耗器材多、需求数量大，当地现有物资器材难以实施有效救援，协调各地方政府及相关部门，环节多，关系复杂，在短时间内很难筹措。

（3）保障力量多元，机械设备保障指挥难调控。灾情发生后，参与救援的各种救灾力量聚集灾区，给机械的调配、管控及维修等带来较大压力。一是调配关系杂。各抢险救灾力量相对集中部署在灾区，集中奋战在一线，调整补充各类制式救援装备，谋求专业救援装备能用到急需之处和关键之时，协调补充调整、借用、租用等各方关系较为繁杂。二是维修保障难。在高强度、复杂作业条件下，救援装备连续作业，装备故障率增多，装备的抢修调换、器材的补充供给等在点多面广的救灾现场，很难实施及时有效的保障。三是管理难度大。在超负荷、高强度的抢险救灾行动中，救援装备高度分散，不便集中管控和及时保养，尤其是在恶劣天气、复杂地形等条件下，涉装事故等不稳定因素增多，在最大限度发挥装备潜能的前提下，确保人员装备安全的难度增大。

第二章 抢险救灾工程机械及其运输

第一节 抢险救灾中工程机械的地位与作用

我国幅员辽阔,资源丰富,但同时也是世界上自然灾害发生最为严重的国家之一。地震、飓风、海啸、洪涝、泥石流等灾害已经给人民的生命与财产安全带来了巨大的威胁。面对着严重的自然灾害,挖掘机、装载机、推土机、起重机、泵车、破拆设备等现代化工程机械已经成为救援人员手中的利器。近年来,不论是抗冰保电、抗震救灾还是抗洪抢险、泥石流救援等都可以看到工程机械忙碌的身影。据不完全统计,在 2008 年 5 月汶川地震抢险过程中,工程机械企业捐赠和援助的设备近千台,折合功率约 15 万千瓦,价值超过 3 亿元[3];2010 年 8 月,参加舟曲白龙江堰塞湖疏通工程的工程机械达到数百台,多个工作面 24 小时进行不间断作业,即使是 2020 年疫情防控工作,工程机械也让世人看到了十天建成火神山医院、十八天建成雷神山医院的中国速度,在所有的抢险救援的现场,我们总能看到工程机械这些"钢铁神侠"的身影。工程机械以良好的作业性能、灵活多变的抢险功能、快速高效的救援效率为抢救生命财产做出了卓越的贡献。相反在 2010 年海地发生的 7.0 级地震中,由于缺乏大型的应急救援装备,许多救援人员不得不用双手实施救援,最终由于搜救进展缓慢死亡总人数高达 23 万人。

工程机械在应急救援中的主要用途如下[4]:

(1) 抢通道路,打通灾区生命线。自然灾害的发生,往往都造成了道路损坏、交通阻塞,而道路的损坏将严重阻碍救援物资的输送和受灾人员的转移,严重影响救援效率。在 2008 年汶川大地震中共造成 24 条高速公路受到影响,161 条国级、省级干线公路受损。地震发生后工程机械中的挖、装、铲等机械从全国驰援快速清除道路障碍,抢通灾区的生命线,而除雪车、平地机等能够很好地完成道路扫雪除冰任务,在 2008 年年初的南方雨雪冰冻灾害中给人留下深刻印象。

(2) 清理废墟,搜救被困人员。当地震、泥石流、山体滑坡、台风等自然灾害发生后,及时、高效地搜救被埋人员能极大地提高其生还率。挖掘机、装载机等在大型坍塌建筑物、泥石等废墟清理中具有极高的工作效率;起重机用于移除大型危险构件及清理一些人力所不能及的障碍物,为现场救援提供空间;通过更换液压挖掘机工作装置而改装的破拆机械常用于钢筋混凝土结构的破碎、拆除作业。

（3）固堤疏浚，机械化抗洪抢险。在近几年抗洪抢险中，推土机、挖掘机、装载机、桩机、自卸车等工程机械得到广泛的运用。推土机、挖掘机、装载机用于防洪堤坝的抢筑及河道的清淤，同时还可以根据需要挖掘新的泄洪通道；装载机还能用于装抛钢丝笼、运送填筑石料等；桩机主要用于植入堤坝加固、决口封堵用的各种类型的桩，桩机的使用大大提高了植桩的速度与质量；自卸卡车则用于长距离运送填筑材料。

第二节　工程机械的分类

机械是人力的延伸和拓展，工程机械自诞生之日起便担负解放人力劳动的重任。事实表明，随着社会的发展、人类技术水平的提高，工程机械在抗洪抢险、抗震救灾、抗冰雪救灾等灾难面前发挥着越来越大、越来越广泛的作用，为人类做出了巨大的贡献。

根据抢险救灾实际组织实践，主要运用的工程机械有推土机、挖掘机、装载机、起重机等。例如汶川地震，军方某工兵团使用挖掘机 8 台，推土机 10 台，起重机 4 台；某火箭军工程救援队使用发电车 4 台，挖掘机 6 台，推土机 12 台，起重机 5 台；某空降兵工兵营使用发电车 3 台，挖掘机 4 台，推土机 5 台；武警某水电部队使用挖掘机 10 台，推土机 12 台，起重机 5 台；武警交通部队使用发电车 8 台，挖掘机 16 台，推土机 15 台，起重机 6 台。因此，必须对抢险救灾的机械有个基本认识。

工程机械种类繁多，根据相关科学技术不同表述的需要，可按产品、工程、作业介质、作业功能、使用范围、动力、传动等进行分类。

一、按产品分类

我国工程机械行业划定的产品范围共有 18 大类，各类产品又分为若干种组，各种组产品分为不同机型产品，形成工程机械产品型谱。下面列举了 18 类工程机械的主要机种：

（1）挖掘机械，包括单斗挖掘机、挖掘装载机、斗轮挖掘机、掘进机械等；

（2）铲土运输机械，包括推土机、装载机、铲运机、平地机、自卸车等；

（3）工程起重机械，包括塔式起重机、轮式起重机、履带式起重机、卷扬机、施工升降机、高空作业机械等；

（4）工业车辆，包括叉车、堆垛机、牵引车等；

（5）压实机械，包括压路机、夯实机；

（6）路面机械，包括路面基层修筑机械、沥青混凝土路面和水泥混凝土路面摊铺机、搅拌设备、路面养护机械等；

（7）桩工机械，包括打桩机、压桩机、钻孔机、旋挖钻机、连续墙抓斗等；

（8）混凝土机械，包括混凝土搅拌运输车、搅拌站（楼）、振动器、混凝土输送泵、混凝土泵车、混凝土制品机械等；

（9）钢筋与预应力机械，包括钢筋加工机械、预应力机械、钢筋焊机等；

（10）装修机械，包括涂料喷刷机械、地面修整机械、擦窗机等；

（11）凿岩机械，包括凿岩机、破碎机、钻机（车）等；

（12）气动工具，包括回转式及冲击式气动工具、气动马达等；

（13）铁路线路机械，包括道床作业机械、轨排轨枕机械等；

（14）市政工程与环卫机械，包括市政工程机械、环卫机械、垃圾处理设备、园林机械等；

（15）军用工程机械，包括路桥机械、军用工程车辆、挖壕机等；

（16）电梯与扶梯，包括电梯、扶梯、自动人行道等；

（17）工程机械专用零部件，包括液压件、传动件、驾驶室等；

（18）其他专用工程机械，包括水利、电站专用工程机械等。

二、按工程分类

根据不同的工程建设和维护需要，通常有如下分类：

（1）筑养路工程机械（简称筑养路机械），包括土石方机械、路面机械、压实机械、混凝土机械、起重机械、工程车辆、公路养护机械等；

（2）桥梁工程机械（简称桥梁机械），包括桩工机械、筋与预应力机械、混凝土机械、起重机械、架桥机械、提梁机、运梁车、桥梁维护机械等；

（3）隧道工程机械（简称隧道机械），包括掘进机械、盾构机械、钻爆机械、通风及供配电设备、隧道维护机械等；

（4）铁路线路工程机械（简称线路机械），包括路基机械、道床机械、整道机械、铺轨机械、焊轨设备、线路检测设备、铁路救援机械等；

（5）建筑机械，包括桩工机械、土石方机械、压实机械混凝土机械、工程起重机械、装修机械等；

（6）水利工程机械（简称水工机械或水利机械），包括桩工机械、土石方机械、混凝土机械、电站和水利专用工程机械、沟渠机械、清淤机械、灌溉机械、排水机械等；

（7）军用工程机械，包括野战工程机械、军用设施建筑机械和后勤保障机械等。

三、按作业介质分类

工程机械作业介质材料种类众多，但按介质分类通常有如下几类：

（1）土方机械，主要指用于土方的推移、挖掘铲运、装载、平整、运输、压实等作业的工程机械；

（2）石方机械，主要指用于石方的钻孔、掘进、爆破、破碎、筛分、洒布等作业的工程机械；

（3）水泥混凝土机械，主要指用于水泥混凝土的制备运输、输送、布料、摊铺、捣实、养生等作业的工程机械；

（4）沥青及沥青混凝土机械，主要指用于沥青及沥青混凝土的制备、运输、布料、喷洒、摊铺、压实等作业的工程机械；

（5）稳定土机械，主要指用于基础稳定材料的制备、运输、布料、摊铺、压实等作业的工程机械；

（6）钢筋机械，主要指用于水泥钢筋混凝土结构物中的钢筋加工、拉制、捆扎、焊接等作业的工程机械；

（7）钢结构机械，主要指用于钢结构的加工、成形、焊接、起重、运输、架设等作业的工程机械。

四、按作业功能分类

从工程机械按作业介质分类看，工程机械作业功能也非常多，目前个别多功能工程机械能置换三十多种工作装置。如按作业功能进行分类，主要有挖掘、推移、装载、平整、凿岩、钻孔、破碎、铣刨、筛分、搅拌、运输、输送、摊铺、洒布、压实、捣实、成形、搬运、起重、架设、锯切、剪切、清扫、除雪等机械。

第三节 工程机械的作业功能

工程机械能够进行挖掘、推移、装载、平整、凿岩、钻孔、破碎、铣刨、筛分、搅拌、运输、输送、布料摊铺、洒布、压实、捣实、成形、搬运、起重、架设、锯切、剪切、清扫除雪等作业。有些工程机械具有单一作业功能，而大多数工程机械具有一种作业功能并兼有多种辅助功能。工程机械的作业能力大小不一，因机械性能而不同，由工程实际的需要做选择。工程机械常见的作业功能总结分述如下。

一、挖掘功能

工程机械具有挖掘功能，能够完成土壤、砂石等的挖掘和采掘，用于路堑、基坑、沟渠、剥离覆盖层、疏浚河道、采掘软石等土石方工程的施工。衡量挖掘能力的主要参数有最大挖掘力、斗容量和工作循环时间。

二、推移功能

工程机械具有推移功能，能够完成土壤、砂石等的铲切和移运，用于路堑、路堤、基坑、铲除障碍、清理积雪、平整场地、物料堆运等土石方工程的施工。衡量推移能力的主要参数有最大牵引力、推移速度和推移量。

三、装载功能

工程机械具有装载功能，能够完成土壤、砂石等散状物料的铲装卸运，用于公路、铁路、矿山、建筑、水电、港口工程中的土石方及散料的装载。衡量装载能力的主要参数有额定载重量、铲斗容量、最高行驶速度和卸载高度。

四、平整功能

工程机械具有平整功能，能够完成土壤、稳定土、积雪、杂草等的铲削和平整，用于公路、铁路、矿山、建筑、水电、港口工程中的大面积场地平整和整形施工及维护。衡量平整能力的主要参数有刮刀尺寸、最大牵引力、最高行驶速度和平整度。

五、凿岩功能

工程机械具有凿岩功能，能够完成岩石的钻孔，用于隧道、矿山及石方工程的钻爆作业。衡量凿岩能力的主要参数有凿孔直径、凿孔深度和凿孔速度。

六、钻孔功能

工程机械具有钻孔功能，能够完成地面垂直孔和地下水平孔的钻挖，用于桥梁、建筑、站场、港口等基础工程的垂直桩孔作业及城市地下水平管孔的成形作业。衡量钻孔能力的主要参数有输出转矩、输出转速、成孔直径、成孔深度或长度。

七、破碎功能

工程机械具有破碎功能，能够完成石块、混凝土块等坚硬物料的破解，用于公路、铁路、矿山、建筑、水电、港口工程所需石集料的生产和混凝土的再生。

衡量破碎能力的主要参数有生产率、进料粒度和出料粒度。

八、铣刨功能

工程机械具有铣刨功能，能够完成混凝土和软矿物的铣刨，用于沥青路面面层、水泥路面面层、露天矿层等的清除。衡量铣刨能力的主要参数有铣刨宽度、铣刨深度和铣刨速度。

九、筛分功能

工程机械具有筛分功能，能够完成土壤、沙子、石子等散状物料的粒度分级，用于公路、铁路、矿山、建筑、水电、港口工程所需集料的配制或清筛。衡量筛分能力的主要参数有生产率、筛孔尺寸、振动频率和振幅。

十、搅拌功能

工程机械具有搅拌功能，能够完成集料和胶结料的均匀混合，用于公路、铁路、矿山、建筑、水电、港口工程中的稳定土、水泥混凝土、沥青混凝土、水泥沥青砂浆等材料的制备。衡量搅拌能力的主要参数有生产率、出料容量、油石比或灰石比精度。

十一、运输功能

工程机械具有运输功能，能够完成各种工程物料的异地运送，用于公路、铁路、矿山、建筑、水电、港口工程中的水油液体、土石砂散料粉料、混合料、钢材、结构件等的异地供给。衡量运输能力的主要参数有最大装载重量、运输容积和最高运输速度。

十二、输送功能

工程机械具有输送功能，能够完成液体、粉料散料、流态混合物的同地送给，用于公路、铁路、矿山、建筑、水电、港口工程中的水、液态沥青、水泥、土石砂散料、粉料、流态混凝土等场内站内供给。衡量输送能力的主要参数有输送量、输送水平距离和垂直距离、粒径和黏度。

十三、布料功能

工程机械具有布料功能，能够完成混合料的定点定量分布，用于公路、铁路、建筑、水电、港口工程中的路面、板层、坝面混凝土浇筑。衡量布料能力的主要参数有布料宽度、布料厚度和布料速度。

十四、摊铺功能

工程机械具有摊铺功能，能够完成同等宽度和厚度、密度一致的混合料层的铺装，用于公路、铁路、矿山、建筑、水电、港口工程中的水泥混凝土和沥青混凝土路面、场道施工。衡量摊铺能力的主要参数有摊铺宽度、摊铺厚度、摊铺速度和密实度。

十五、洒（撒）布功能

工程机械具有洒布功能，能够完成液态、流态或散状物料的同宽度等量喷洒撒布，用于公路路面基层和面层施工和养护作业的水、沥青稀浆、石屑、砂、盐等材料的均匀洒（撒）布。衡量洒布能力的主要参数有箱（罐）容量或斗容量、洒（撒）布宽度、额定洒（撒）布量和洒（撒）布速度。

十六、压实功能

工程机械具有压实功能，能够从材料外部完成松散材料的密实，用于公路、铁路、矿山、建筑、水电、港口、城建工程中的路基、路面、场道、建筑结构基础、堤坝、城市管道填埋材料的碾压夯实。衡量压实能力的主要参数有工作质量、静线压力、激振力、振动（夯击）频率、振幅和作业速度。

十七、捣实功能

工程机械具有捣实功能，能够从材料内部完成松散物料的密实，用于公路、铁路、建筑、水电、港口工程中的新拌水泥混凝土的密实、铁路道砟的密实等。衡量捣实能力的主要参数有振捣频率、振幅、振捣棒（镐）尺寸。

十八、成形功能

工程机械具有成形功能，能够完成物料成形，使之尺寸符合工程设计和使用要求，用于公路、铁路、建筑、水电、港口工程中的水泥混凝土的固模成形、滑模成形、砌块成形、沥青混凝土摊铺成形、钢筋网成形、铁路道床成形等。衡量成形能力的主要参数有成形尺寸和成形速度。

十九、搬运功能

工程机械具有搬运功能，能够完成成件物品的移动堆垛，用于公路、铁路、矿山、建筑、水电、港口工程中的仓库存取作业等。衡量搬运能力的主要参数有额定起（载）重量、搬运升降高度和搬运行驶速度。

二十、起重功能

工程机械具有起重功能，能够完成集装件和结构件的吊装，用于公路、铁路、矿山、建筑、水电、港口工程中的设备、箱梁、散料集装件等的起吊安装与拆卸。衡量起重能力的主要参数有额定起重量、最大起升高度和幅度（或外伸距）。

二十一、架设功能

工程机械具有架设功能，能够完成结构件的空中拼装，用于公路、铁路工程中的箱梁起吊平移安装。衡量架设能力的主要参数有架设跨度、升降高度和起吊质量。

二十二、除雪功能

工程机械具有除雪功能，能够完成结构物表面上积雪和雪阻的清除，用于公路、铁路、机场、矿山、建筑、水电、港口、市政工程养护过程中的路面、道面、场面上积雪和雪阻的清理。衡量除雪能力的主要参数有除雪宽度、最大除雪厚度、抛雪距离和最高除雪速度。

另外，大多数工程机械可能会具有加热、散热、冷却、吸水、除尘等非机械力学作业功能，在此不再阐述。

第四节 抢险救灾中的主要工程机械

根据灾情特点，抢险救灾行动中一般需要用到推土机、挖掘机、装载机、起重机、路面清扫机等。挖掘机在清理废墟，处理掩埋物和解救人类生命中起着不可或缺的作用。装载机和挖掘机相互配合作业，负责清理和装运废墟，推土机和路面清扫机在灾后路面的修整和重建方面发挥着不可替代的作用。

一、推土机

推土机是一种多用途的自行式施工机械，属于循环作业式机械，每一个工作循环包括铲土、运土、卸土和空车返回四个过程，它的主要作业对象是土壤、砂石料等松散物料。推土机在作业时，将铲刀切入土中，依靠机械的牵引力，完成对土壤等的铲切和推运工作。

推土机主要用于开挖路堑、填筑路堤、回填基坑、铲除障碍、清除积雪、平整场地等，也可用来完成短距离内松散物料的铲运和堆集作业。当土壤太硬，铲运机或平地机作业不易切入土壤时，可以利用推土机的松土器将土壤疏松，也可以利用推土机的铲刀直接顶推铲运机以增加铲运机的铲土能力，还可以利用推土机的挂钩牵引拖式铲运机、拖式压路机等各种拖式工程机械。

推土机由于受到铲刀容量的限制，推运土壤的距离不宜太长，因而它只是一种短距离的土方铲土运输机械。当运距过长时，运土过程受到铲刀前土壤漏失的影响，会降低推土机的生产率；运距过短时，由于换向、换挡操作频繁，在每个工作循环中这些操作所用时间占的比例增大，同样也会使推土机的生产率降低。通常中小型推土机的运距为 30~100m，大型推土机的运距一般不应超过 150m，推土机的经济运输距离为 50~80m。

按推土机的行走方式，可分为履带式推土机和轮胎式推土机两种：

（1）履带式推土机的附着性能好、牵引力大、接地比压小，爬坡能力强，能适应恶劣的工作环境，具有优越的作业性能，是推土机的主要机种；

（2）轮胎式推土机的行驶速度快、机动性好，作业循环时间短，转移场地方便迅速且不损坏路面，特别适合城市建设和道路维修工程中使用，但轮胎式推土机的附着性能、抗地面磨损性能远不如履带式，使轮胎式推土机的使用范围受到一定的限制。

在抗震救灾中，推土机主要起着清除障碍物、打通道路、平整地面的作用[5]。图 2-1 为推土机和挖掘机一起作业紧急抢通道路，图 2-2 为推土机开挖溢洪槽进行抢险，破解堰塞湖。

图 2-1 推土机和挖掘机一起作业紧急抢通道路

推土机也具有消防的功能。燃烧逾百余年的新疆硫黄沟煤田大火，着火面积达 184 万米^2，在全国煤田火灾中面积最大，2004 年推土机在硫黄沟用推土覆盖的方式进行灭火，如图 2-3 所示。

推土机也可进入到核事故现场进行应急救援。俄罗斯生产的防辐射型推土机，可以在核事故现场发挥重要作用，该推土机将驾驶室改装为防核辐射驾驶室，以 2.13cm 厚的铅板做屏蔽防护，加装的铅板重 2200kg。

图 2-2　推土机开挖溢洪槽进行抢救，破解堰塞湖

图 2-3　推土机在灭火

二、挖掘机

挖掘机是用来进行土方开挖的一种施工机械，被广泛应用于各类工程中。挖掘机按作业特点可分为周期性作业式和连续性作业式两种，前者为单斗挖掘机，后者为多斗挖掘机。单斗挖掘机属于循环作业式机械，每一个工作循环包括挖掘、回转、卸料和返回四个工作过程。作业时利用铲斗的切削刃切入土中并把土装入斗内，装满土后提升铲斗并回转到卸土地点卸土，然后再使回转装置回转，铲斗下降到挖掘面，进行下一次的挖掘。单斗挖掘机的主要用途是：在公路工程中用来开挖堑壕；在建筑工程中用来开挖基础；在水利工程中用来开挖沟渠、运河和疏浚河道；在采石场、露天采矿等工程中用于剥离和矿石的挖掘等。此外，还可对碎石等进行装载作业。

单斗挖掘机主要由以下几部分组成。

（1）发动机：整机的动力源，多采用柴油机。

（2）传动系统：把动力传给工作装置、回转装置和行走装置。

（3）回转装置：使工作装置向左或右回转，以便进行挖掘和卸料。

（4）行走装置：支撑全机质量并执行行驶功能，有履带式、轮胎式与汽车式等。

（5）工作装置：用来完成对土壤等的开挖等工作，有正铲、反铲、拉铲、抓斗等形式。

（6）操纵系统：操纵工作装置、回转装置和行走装置，有机械式、液压式、气压式、混合式等。

（7）机架：全机的骨架，除行走装置装在其下面外，其余组成部分都装在其上面。

挖掘机在抢险救援中的作用：在地震中，挖掘机是清理道路、废墟，迅速打通道路阻塞的有力武器，让更多的工程机械救援设备能够快速进入搜救现场，开展搜救工作，为受灾群众打开生命之路。图2-4为"5·12"汶川特大地震中挖掘机正在打通重灾区安县茶坪镇的救援通道，图2-5为挖掘机清理现场废墟的照片。

图 2-4　挖掘机正在打通重灾安县茶坪镇的救援通道

图 2-5　挖掘机正在清理现场废墟

　　在泥石流灾害中，挖掘机是排险的首要工具，它能够快速打捞淤泥开辟河道，有效帮助泄洪。此外，挖掘机还可排除受灾现场的淤泥、淤水，如图2-6所示，开辟出一个操作面，从而让更多的大型机械设备能够进入搜救现场，开展搜救工作，为受灾群众打开生命之路。甘肃舟曲的泥石流救援中就大量使用了挖掘机，使救援工作能够快速展开，图2-7为挖掘机在舟曲开辟河道的照片。

图2-6　挖掘机正在清理现场淤泥

图2-7　挖掘机在舟曲开辟河道

　　挖掘机除了清理废墟和淤泥、淤水外，还能救助被困群众脱离险境。图2-8为救援人员使用挖掘机救助被困群众的照片。

　　挖掘机不仅是重要的救援工具，而且还是救援专家的"伙伴"，专家可"搭乘"挖掘机挖斗查看救援现场（见图2-9）。

图 2-8　救援人员使用挖掘机救助被困群众

图 2-9　专家"搭乘"挖掘机挖斗查看救援现场

　　挖掘机也是拆除破损房屋的有力工具，图 2-10 为挖掘机正在拆除受损房屋的照片。

　　挖掘机在灾后重建中主要起着以下作用：

　　（1）灾害现场施救；

　　（2）清理倒塌建筑物，开挖清埋场，图 2-11 为挖掘机正在清理倒塌房屋现场；

　　（3）清理道路障碍，疏通河流阻塞；

　　（4）土石方开挖，管道吊装。

　　挖掘机的多种工作装置选配也发挥着重要作用。

图 2-10　挖掘机正在拆除受损房屋

图 2-11　挖掘机正在清理倒塌房屋现场

（1）普通铲斗。普通铲斗适用于清障、清理，以及土石方的挖掘、搬运。

（2）改装的拉铲铲斗。根据泥石流的物理特性（含大量水分的卵石、砾石、泥、沙、块石的高黏度混合物），在传统的拉铲铲斗侧壁、后壁和底板加装了弹性链条，更容易挖掘泥石流。

（3）超长臂。超长臂用于深挖填埋坑、疏浚沟渠河道，超长臂配置液压剪可进行远距离剪切、拆除，有效保护救灾人员的安全。图 2-12 为具有超长臂的挖掘机正在解救被困群众。

（4）破碎锤。破碎锤主要用于坚硬物，如石块、水泥路面的破碎。图 2-13 为破碎锤正在破碎堵塞道路上的山石。

图 2-12　具有超长臂的挖掘机正在解救被困群众

图 2-13　破碎锤正在破碎堵塞道路上的山石

（5）液压剪。液压剪可进行剪切、扩张。当发生地震等灾害时，它可以发挥扩张和拽拉功能，将门撬开，支起移动重物，分离金属或非金属结构等，其剪切和夹持功能可用于剪断钢筋护栏、门框、电缆、汽车框结构及其他金属或非金属结构，来救护被困于受限环境中的受害人或抢救处于危险环境中的受害物。图2-14为液压剪在抢险救灾的图片。

（6）液压拇指夹（大拇指夹叉）。液压拇指夹能够轻易地抓取岩石、树枝或木材。液压拇指夹移动迅速、定位准确，在抗震救灾工作中用于灾区倒塌建筑物的清理，搬移清理山体滑坡滚落的大石块，清理路障等，如图2-15所示。

（7）工程抓斗。工程抓斗适用于灾区倒塌建筑物的清理，搬移钢筋混凝土墙体，协助营救被埋群众。图2-16为工程抓斗在清理钢筋混凝土墙体。

图 2-14　液压剪在抢险救灾

图 2-15　液压拇指夹在清理树枝和石块

三、装载机

装载机是一种广泛应用于公路、铁路、矿山、建筑、水电、港口等工程的土方工程机械。装载机主要用来铲装、搬运、卸载、平整松散物料，也可以对岩石、硬土等进行轻度的铲掘工作，如果换装相应的工作装置，还可以进行推土、起重、装卸其他物料等。

图 2-16　工程抓斗在清理钢筋混凝土墙体

装载机按照行走方式可分为两种。

（1）轮胎式装载机。这种装载机具有质量轻、速度快、机动灵活、作业效率高、行走时不破坏路面等优点，但其接地比压大、通过性差、稳定性差、对场地和物料块度有一定要求。目前国产 ZL 系列装载机都是轮胎式的，应用非常广泛。

（2）履带式装载机。这种装载机具有接地比压小、通过性好、重心低、稳定性好、附着性能好、牵引力大等优点，但其速度低、机动灵活性差、制造成本高、行走时易损坏路面、转移场地时需拖车拖运。这种装载机主要用在工程量大、作业点集中、路面条件差的场合。

装载机在抢险救灾中的作用：装载机也是地震道路救援中必不可少的设备，大量的土石光靠挖掘机清理是不行的，更主要的还是靠装载机这种大斗容的设备来清理。在泥石流灾害抢险救援中，装载机铲运沙袋、清理石块、转运灾民，被称为抢险救灾的利器，在特大灾害面前托起了"生命之舟"。图 2-17 为装载机在塌方现场清理巨石，图 2-18 为装载机转运灾民。

在救灾现场也能看到装载机清理废墟的身影，如图 2-19 所示。

装载机在灾后重建中可以起到以下作用。

（1）铲运。对碎石、混凝土废料等物料铲运、运输。

（2）平整。对建筑、废墟、砂石厂等场地的平整，图 2-20 为装载机在灾后对场地废墟进行平整。

（3）拆卸。推平废旧建筑物。

（4）夹装。对废旧木料、钢材的夹装运输。

图 2-17　装载机在塌方现场清理巨石

图 2-18　装载机转运灾民

（5）侧卸。对隧道等狭小作业场地进行施工。

四、铲运机

铲运机是一种利用装在前后轮轴或左右履带之间的带有铲刃的铲斗，在行进过程中完成对土壤的铲削，并将碎土装入铲斗进行运送的铲土运输机械，它属于循环作业机械，主要用于中距离（100～2000m）大规模的土方转移工程。它能综合地完成铲土、装土、运土和铺土四个工序，能控制填土铺层厚度和进行平土作

图 2-19　装载机在清理废墟

图 2-20　装载机在灾后对场地废墟进行平整

业，并对卸下的土进行局部碾压等。由于铲运机的铲斗容量大、运距远、操作人员少，因而与其他装运土方的设备相比，具有较高的生产率和经济性，被广泛应用于公路、铁路、水利、港口及大规模的建筑施工等工程中的土方作业。铲运机主要用于开挖土方、填筑路堤、开挖河道、修筑堤坝、挖掘基坑、平整场地、土层剥离等工作，特别适合有大量土方的场地平整工程和大面积基坑的填挖工程，但不适用于土壤中混有大石块、树桩的场合和深度挖掘的作业。

铲运机按行走方式的不同可分为拖式和自行式两种。

（1）拖式铲运机本身不带动力，工作时通常由履带式牵引车牵引。这种铲运机的特点是牵引车的利用率高，接地比压小，附着力大和爬坡能力强，在短距离和松软潮湿地带的工程中普遍使用，但工作效率低于自行式铲运机。

（2）自行式铲运机按行走装置的不同可分为履带式和轮胎式两种，其本身具有行走能力。履带式自行铲运机的铲斗直接装在两条履带的中间，适用于运距不长、场地狭窄和松软潮湿地带工作。轮胎式自行铲运机按发动机台数不同又可分为单发动机式、双发动机式和多发动机式三种，按轴数不同可分为二轴式和三轴式。轮胎式自行铲运机由牵引车和铲斗两部分组成，大多采用铰接式连接，铲斗不能独立进行工作。轮胎式自行铲运机具有结构紧凑、行驶速度高、机动性好等优点。

五、起重机

起重机是指在一定范围内水平搬运和垂直提升重物的起重机械，它包括移动式起重机、桥式起重机、门座式起重机，抢险救灾主要需要的是移动式起重机。移动式起重机，按照德系分类大体分为自行起重机、汽车起重机和紧凑式自行起重机三种；按照日系和美系分类大体分为越野起重机、汽车起重机和全地形起重机三种。基本所有的移动式起重机都是大体相同的结构，分为下车和上车两个部分，其中下车起支撑和行走作用，在一些场合也称为"底盘"；上车为作业部分，一般是一个转台，上装有吊臂、卷扬机、举升机构、伸缩机构、配重、操作室、上车动力系统等，上车和下车由回转机构连接。起重机的主要参数如下。

（1）起重量。起重量是指起重机在正常情况下，被吊物体或移运物体的实际重量，所允许的最大吊起重量称为额定起重量。对于幅度可变的起重机，根据幅度不同，规定不同工况下起重机的额定起重量。起重机的额定起重量不包括吊钩、吊环等不可分吊具的重量，但包括抓斗、电磁吸盘、平衡梁、夹钳等可分吊具的重量。

（2）起重力矩。起重量与幅度的乘积称为起重力矩（载荷力矩），额定起重力矩是指额定起重量与相对应的幅度的乘积。

（3）起升高度。起升高度是指起重机运行轨道顶面（或地面）到取物装置上极限位置的垂直距离。另外，还有下降深度和起升范围两个概念：下降深度是指取物装置可以放到地面或轨道顶面以下时，其下放距离称为下降深度，即吊具最低工作位置与起重机水平支承面之间的垂直距离；起升范围为起升高度和下降深度之和，即吊具最高和最低工作位置之间的垂直距离。

（4）跨度和轨距。跨度是对桥门式类型起重机而言的，它是指起重机运行轨道中心线之间的距离；轨距是指桥门式类型起重机的小车运行轨道中心线之间的距离或某些地面有轨运行的臂架式类型起重机的运行轨道中心线之间的距离。

（5）幅度。对可旋转的臂架式起重机而言，幅度是指旋转中心线与取物装置铅垂线之间的距离。对非旋转臂架式起重机常用有效幅度表示，有效幅度是指臂架所在平面内的起重机内侧轮廓线与取物装置铅垂线之间的距离。当臂架倾角最小或小车位置与起重机回转中心距离最大时，幅度为最大幅度，反之为最小幅度；

（6）工作速度。工作速度是指起重机工作机构在额定载荷下稳定运行的速度。工作速度包括起升（下降）速度、大车运行速度、小车运行速度、变幅速度、行走速度、旋转速度等。

起重机在抢险救援中的作用：起重机在关系国家经济安全或其他事故多发的行业及一些天灾人祸所造成的事故灾难面前起着非常重要的作用，是抢险救援必不可少的工程机械装备之一。起重机在救援现场，多用于起吊大型废墟（见图2-21），也用于抢通道路，大大提高了救援速度，图2-22为全地面起重机在施救事故车厢。

图 2-21　起重机起吊大型废墟

图 2-22　全地面起重机在施救事故车厢

由于汽车起重机机动灵活，且长吊臂搭配吊篮，常常被应用在远距离救援中。如果发生泥石流，在救援人员无法近距离救援时，使用吊车能有效快速地解救被困群众（见图 2-23）。

图 2-23　汽车起重机解救被困群众

在灾后重建中，起重机对厂房、楼房建筑和拆卸（钢结构、框架），楼顶水泥浇筑，邮电、水利、电力设备的安装，铁路、货场的装卸、搬运起到重要作用。图 2-24 为起重机在灾后现场起吊电线杆。

图 2-24　起重机在灾后现场起吊电线杆

第五节　抢险救灾运输

一、抢险救灾运输任务

抢险救灾中交通运输的畅通主要有以下几个任务：一是保道路，即保障铁路、公路的畅通；二是保装载，即保障装载区域的畅通，为各种工程机械装载提供设备和人力运力等；三是保航道，即保障水路运输航道区域的顺畅；四是保机场，即协助民航部门组织力量抢修受损跑道等。

二、抢险救灾运输畅通的重要意义

灾害发生时，能否及时有效地对灾区进行人员和物资的输送，取决于顺畅的交通，只有维持交通干线的持续顺畅，才能源源不断为灾区提供人力、运力、物力和财力，确保抢险救灾的顺利进行。在此背景下，交通运输保障的第一任务，就是保障抢险力量、装备、物资等"进得来"，可以说，"进得来"是抢险救灾行动的第一步，是确保抢险救灾顺利展开的基础。

交通线的畅通与否，很大程度上决定着非战争军事行动的效率高低。如：唐山抗震救灾初期，由于缺少经验，没有很好地组织交通保障，致使救灾人员受阻于郊区不能进入，大量物资不能运进，伤员不能运出，教训深刻。与之对比，2008 年"5·12"汶川地震造成山体滑坡，道路严重损毁，桥梁坍塌，大面积交通中断，道路抢修任务十分艰巨，严重制约了抢险物资的输送，直接影响着救灾行动的快速实施。为打通生命通道，确保居民生活、卫生医疗等后勤补给及时到位，各级交通部门紧急启动了应急机制，迅速调动交通保障力量，组织抢修，震后 72 小时，就紧急调用 30 座钢桥运达灾区，在 1 个月的时间内，集中调用了钢桥器材 67 座，应急抢修架通 13 座桥梁。以上事实充分说明，抢险救灾行动离不开运输线的畅通作为物质支撑，没有运输线的畅通，抢险救灾就是无源之水、无本之木。

三、抢险救灾运输的主要特点

（1）任务突然，准备急促。重大的自然灾害、灾害性事故、突发事件等爆发突然，无法准确预测，致使抢险救灾输送具有任务突然、准备急促的特点。纵观国内外发生的影响较大的各类灾害，都是无法准确预测的地点和时间内突然发生的，其爆发突然的特点十分明显。灾害的突然性给与之相对应的抢险救灾输送保障带来了任务突然的特点。例如"5·12"汶川地震，党中央、国务院、中央军委迅即决定大规模调用军队和武警部队投入抗震救灾，广大民间力量也积极向灾区涌动，各方物资、力量急需运送到灾区前线，全国的交通运输系统紧急动员，紧急决定和下达应急输送任务，全力以赴，出动飞机、开行军列，征调民用运力运送人员、空投物资、抢修道路等；另一方面，任务产生突然，致使保障输送任务的交通部门通常是在执行正常任务的状态下，突然接到应急输送任务，准备时间非常有限，有时甚至是毫无准备的情况下便开始实施输送任务，相关部门只有快速及时进行准备，才能做到应急畅通及时通行。因此，抢险救灾输送任务不仅运输需求高，而且单位时间内的运输需求强度更大，要求交通部门预有准备、力争主动，具备很强的快速反应和及时保障能力，保障任务一旦明确，必须在最短的时间内完成物资筹措、搞好力量部署、形成保障能力，确保能够紧急出动、快速到位，立即投入抢险救灾行动之中。

（2）情况多变，保障困难。抢险救灾行动发生在哪里，持续多长时间，任务规模有多大等，都难以预测。这些不确定因素导致抢险救灾输送任务往往具有情况复杂、保障困难的特点。一方面，抢险救灾输送面临情况非常复杂，应急输送往往难以预料或者征候不明显，短时间内难以掌握其具体信息，决定了应急输送的规模、时间、地点、方向、限期、进度等情况的不明确性，甚至变幻无常，难以把握，例如，在"5·12"抗震救灾中，余震不断，各种保障任务随机出现，运送救灾物资的单位随时调往某个急需灾区；另一方面，由于环境恶劣、破坏严重，抢险救灾输送面临众多困难，洪水、雨雪、台风、地震等自然灾害对于道路、桥梁、电力、通信线路、航空条件都会产生很大的破坏，抢修任务十分艰巨，影响了抢险救灾输送的效率，例如，2008 年年初南方雨雪严重破坏了铁路电网，抢修十分艰难，还有汶川地震后，公路断裂、隧道塌陷、铁路受阻、气候异常，致使通信不通，地震救援初期基本靠走，空降兵冒着生命危险进行跳伞。因此，要求交通保障部门必须根据具体的抢险救灾任务，密切注视灾害的发展变化，精确把握输送需求，科学制定输送计划，合理运用应用各种交通力量，做好多手准备，采取多种措施，以快制快，以变应变，不断调整应急输送组织方式，增强抢险救灾输送的适应性和灵活性。

（3）运量集中，时间紧张。由于自然灾害危害面广，投入抢险救灾的人员和装备往往较多，抢险救灾应急输送保障涉及面广、规模大、任务重，这种规模性的特点对抢险救灾输送能力提出了严峻的考验，另外抢险救灾输送的时限也非常紧张，需要在有限的时间内完成输送准备，在尽可能短的时间内将人员和物资输送到指定的地域，对输送进度和输送期限有着明确的规定，准备时间短，运输要求高，装卸作业时间少。交通部门应对自然灾害等突发事件的应急保障任务也具有短暂性，要求在很短暂的时间完成任务。

（4）力量多元，指挥复杂。抢险救灾行动常常联合多种力量参与，临时抽调的单位多，牵扯的部门多，涉及部队、民兵预备役、地方各行业志愿者、公安民警等，多种样式交替转换，情况错综复杂，态势瞬息万变。因此，抢险救灾行动的力量多元决定了抢险救灾输送具有对象多，参与保障力量多元化的特点。

四、抢险救灾运输基本原则

（1）预有准备，快速响应。所谓预有准备、快速反应是指在平时要积极主动地做好各项准备工作，在危机来临时，灵敏响应、快速转换工作，满足抢险救灾运输需要。

凡事预则立，不预则废。从这些年经历的一些抢险救灾行动看，往往具有很强的不确定性，时间紧、节奏快、任务重，平时若没有抢险救灾运输预案，遇到紧急情况必然陷入被动。因此，在平时工作筹划和指导上，要预有准备，力争主动。灾害的发生虽然有很大的突然性，但它始终与自然气象环境等密切相关，也有一定的可预见性，各级各部门应准确理解把握上级的决心意图，科学预测抢险救灾运输任务，制定行动预案，确保准备充分、针对性强。

在执行抢险救灾任务时，要快速反应，果断行动。一是组织筹划快。迅速了解任务，判明情况，及时开展救援，科学的判断来源于正确的分析，基于准确掌握情况，接到情况通报后，要采取快捷的方法对事发现场进行勘察，掌握详细情况，快速做出正确判断，果断行动；二是隔离清障快。工程机械到达现场后，迅速清除路面的障碍物，协同交通维护管理部门检查、修复被破坏道路，确保疏导交通快速，例如，"5·12"汶川地震引发宝成铁路清江河金龟塘段山体滑坡，宝成铁路下行线行车中断，上行线也因为地震有不同程度的破坏，抢险人员和装备以最快的速度打通隧道，抢通宝成线，为四川重灾区提供可靠的运输保障，经过抢修，5 月 13 日 10 时 31 分，宝成铁路四川境内上行线复修开通，至此，宝成铁路四川境内双线修复贯通，川内抗震救灾的"生命通道"被打通。

（2）整体筹划，多发并举。随着交通运输工具的不断更新，运输方式也越来越多。地震、雪灾等自然灾害突发性强，设计面广，对交通运输系统的破坏性极大。在交通中断，运输受阻的严峻形势下，必须整体筹划，铁路、水路、公路、航空等多种运输方式并举，实施立体化的交通运输保障。

铁路是国家经济的大动脉，具有运量大、运距远、续行能力强和受气候影响小等特点，是抢险救灾中交通运输的中坚力量；公路具有网络覆盖面广、适应性强、周转速度快和机动灵活等显著特点，是抢险救灾中交通运输保障的主要力量；航空运输具有机动性强、投送速度快和超障能力强等显著特点。例如，在"5·12"汶川地震中，航空部门实施伞降和机降，在掌握灾情信息、救治危重伤员、投送紧急救援人员和装备物资方面发挥了不可替代的作用，是抗震救灾中交通运输保障的突击力量。水路具有运载量大、成本低、航线不易破坏的特点，是抢险救灾中交通运输的重要补充力量，在某种情况下，水路还体现出应急和简便的特点，在"5·12"汶川地震中，公路中断且暂时无法恢复的情况下，利用江河和湖泊，使用冲锋舟和舟桥实施迂回，输送救援人员和伤员，构建了一条交通运输的生命线。因此，抢险救灾运输应坚持整体筹划、多发并举的原则。

（3）因情而变，严密组织。因情而变、严密组织，是指在抢险救灾运输中要密切注视具体灾情、运情的变化，严密组织，根据具体情况，适时、随机、持续地实施保障。

由于危机情况发展难以预测，运输规模、运送地域、卸载地域都难以预先准确计划，交通运输部门在组织实施抢险救灾运输过程中，应确立因情而变、严密组织的实施原则。在计划安排上，要统筹兼顾，适当留有余地，使计划具有一定的弹性；在实施过程中，适当给予基层单位一定权限，便于基层单位组织实施过程中根据具体情况灵活处置和调整；在准备过程中，不搞满打满算，适当多准备一些交通装备、工具等；在人员安排上、乘量准备上都要留有一定的后备力量，便于根据灾情变化，实施不间断的保障。总之，要根据条件和任务性质，充分发挥各种运输方式的长处和特点，实行综合利用，达到保障有力的要求，要因地、因时、因情而采用公路、铁路、水上、空中等具体方式。

第六节　抢险救灾中工程机械运输

一、抢险救灾中工程机械运输的主要原则

在抢险救灾中，一般工程机械的需求比较紧迫，种类多样。工程机械能否及

时到达指定区域,快速展开作业尽量争取黄金救援时间是整个抢险救灾的关键,在这个过程中,工程机械的运输成为整个行动的重要环节。工程机械的运输在抢险救灾中的基本原则主要有以下内容。

(一) 安全性

在抢险救灾中,由于救援任务紧急,驾驶员、操作人员心理上压力较大,另外,救援环境一般较为恶劣也增加了工程机械运输的难度,能否将工程机械安全地运送到指定地点成为最基本的原则,主要包括工程机械装卸载时的安全、运输途中的安全、运输途中相关设施的安全及工程机械自身的安全可靠等内容。

(二) 时效性

抢险救灾中,时间是最为关键的要素,提高工程机械运输的时效性是救援行动成败的重要保证。

(三) 准确性

抢险救灾中,前方需要何种工程机械最为适当,将工程机械以何种方式运送到救灾现场最为科学,是工程机械救援时的准确性要求,它直接关系着时效性,甚至是正常救援的成败。

二、抢险救灾中工程机械运输的主要方式

灾情事发突然,大型装备难驰援,灾情难以预测、事发突然是自然灾害发生的显著特征,灾情一旦发生,接到抢险救灾任务,快速向灾区输送救援力量是首要任务,但大型专业装备快速机动问题,往往受到较大制约。一是客观环境制约。自然灾害往往对交通、水利、通信设施等造成破坏,机动道路阻塞,通信联络不畅、使装备输送难以快速到位。二是装备性能受限。目前,灾害发生地域不可预测,现有的可直接参与救援的装备,尤其是工程机械等大型装备很可能数量不多,受装备自身技术性能影响,机动速度、专业抢修和连续作业能力还不强。三是输送能力不足。就近可调集的大型专业救援装备数量不足,通常需要实施远程机动并依靠铁路输送,特定条件下还需空中输送。灾情一旦发生,在短时间内很难将大型救援装备快速运抵灾区。因此,在抢险救灾中,工程机械的运输由于受气候、地理环境、时效性等因素的限制,主要运输方式有公路运输、铁路运输、航空运输、水路运输等几种形式。

(一) 公路运输

公路运输是现代运输的主要方式之一,它的主要优点是机动性强,而且对货

运量大小具有很强的适应性。工程机械公路运输的主要方式是自行运输和汽车载运等方式。轮式工程机械有一定的机动能力，行动较为灵活，可以实现点对点的直达运输，在短距离范围内使用时方便快捷；汽车载运方式运输则需要工程机械的装载和卸载过程，但由于汽车运输灵活方便、速度较快，有利于提高工程机械到达的时间价值，同时公路运输还担负着铁路、水路、航空等方式达不到的区域内的运输，是补充和衔接其他运输方式的运输。

（二）铁路运输

铁路运输的主要特点是运输能力大、运行速度快等优点，特别是在我国高速铁路比较发达的情况下，铁路运输的作用越来越明显。铁路运输具有运输能力大、运输范围广、到站发货时间准确性高、运输过程安全可靠等优势，同时具有运输成本低、平均能耗少、环境污染小、承受环境影响的能力强等优点，但铁路运输受到铁路车站站点的限制。因此，铁路运输适合于内陆运输量较大的地区及运送经常、稳定的大宗货物，适合中长距离的工程机械运输。

（三）航空运输

航空运输与其他运输方式相比，最大的特点是运行速度快，机动性能好。空运输的主要交通工具是飞机，运行速度一般为 800～900km/h，可大大缩短两地间的运输时间。航空运输不受地形地貌、山川河流的阻碍，机动性能好，但航空运输存在着运输能力小、能量消耗大、运输成本高及技术难度相对复杂等缺点。因此，航空运输在抢险救灾等应急运输和保卫我国边疆等方面具有独特优势和战略地位，特别是我国的大飞机技术日趋成熟，航空运输将发挥着其他运输方式无法代替的作用。

（四）水路运输

水路运输包括海上运输和内河运输，具有运量大、成本低、航线不易被破坏等特点，是抢险救灾行动完成输送保障任务的重要力量，在特殊条件下可以作为公路运输和铁路运输的重要补充和替代。

第三章 工程机械公路运输

工程机械公路运输是指在公路上采取运输工具运输工程机械的方式。在抢险救灾中，由于环境的限制，虽然部分轮式工程机械可自行行驶至发生地点，但由于工程机械普遍行进速度较慢，且不适用于较长距离的自行走，采用汽车载运的方式成为大部分工程机械运送的基本方式。

第一节 公路运输

一、公路运输的概念

公路运输是指汽车及其他道路运输工具在公共道路上从事客货位移及相关业务活动的总称，具体包括道路与旅客货物运输、机动车维修与综合性能检测、道路搬运装卸和道路运输辅助服务。汽车运输则是公路运输的现代表现形式。

二、公路运输的特点

由于我国地域广阔，不同地区的经济发展水平差异很大，交通基础设施建设很不平衡。因此，公路运输自然成为这些特殊地区运输的主要方式。公路运输有以下主要特点：

（1）机动灵活，适应性强。公路运输在运输时间上有很大的机动性，其运输工具的技术单元小，组织调度灵活方便，有很强的适应性，可以根据运输需求随时调度车辆、装车和实施运输，这是其他运输方式所不及的。公路运输在综合运输体系中，既可用来衔接其他运输方式，连接铁路、水路、航空军事运输，也可自成运输体系，独立地组织实施；既是点与点之间的运输，又是面上的运输，具有很强的替代性。

公路运输能满足各种用途运输的需求，特别适宜于较小批量物资和人员的紧急运输，既可选用单车完成零散运输任务，又可集中大批车辆完成大宗运输任务；既可组织短途倒运，又可实施长途运输；既可组织一般运输，又可实施特种运输。

（2）直达方便，时效性好。公路运输很容易实现"门到门"的直达运输，这不仅可以减少中转换装次数，节省人力、物力，而且运输时效性好、运送速度快，在一定距离内，比铁、空运输更具优势。

（3）协调困难，指挥复杂。公路运输，涉及单位多、环节多，不仅有运输内部的计划与实施环节，而且还要与装卸、食宿及道路交通等保障的密切配合，要确保整个运输顺畅运转，必须要有周密的组织与协调，灵活的指挥与调度作保证。公路运输的协同指挥，不仅内容多、范围广，而且难度大、要求高，尤其是公路运输具有分散流动、点多面广、机动灵活的特点，要确保整个运输活动的顺利实施，必须周密组织和灵活调度。

三、公路的组成

公路是连接城市、乡村和工矿基地等，主要供汽车行驶，具备一定技术条件和设施的道路，公路是建筑在大地上的一种线性工程构造物，主要承受车轮荷载的重复作用并经受各种自然因素的长期影响和破坏。因此，公路不仅要有平顺的线形、和缓的纵坡，而且还要有坚实稳定的路基，平整和防滑性能好的路面，牢固耐用的桥涵和其他人工构造物及不可缺少的附属工程和附属设施，满足交通的要求。

公路是一种带状工程结构物，由路基、路面、桥梁、隧道、涵洞、排水设备、防护构造物、沿线设施等基本部分组成。根据交通流量及其使用任务、性质，公路分为五个等级。具体区分为：高速公路、一级公路、二级公路、三级公路、四级公路。

高速公路：一般能适应按各种汽车折合成小客车的年平均昼夜交通量为25000辆以上，具有特别重要的政治、经济意义，专供汽车分道高速行驶并全部控制出入的公路，具有四个或四个以上车道，并设有中央分隔带，全部立体交叉并具有完善的交通安全设施与管理设施、服务设施，全部控制出入，是专供汽车高速度行驶的公路。

一级公路：一般能适应按各种汽车折合成小客车的年平均昼夜交通量为10000~25000辆，为连接重要政治、经济中心，通往重点工矿区、港口、机场，专供汽车分道行驶并部分控制出入的公路。

二级公路：一般能适应按各种汽车折合成中型载重汽车的年平均昼夜交通量为4500~7000辆，为连接重要政治、经济中心或大工矿区、港口、机场等地的专供汽车行驶的公路。

三级公路：一般能适应按各种车辆折合成中型载重汽车的年平均昼夜交通量为2000辆以下，为沟通县以下城市的公路。

四级公路：一般能适应按各种车辆车合成中型载重汽车的年平均昼夜交通量为2000辆以下，为沟通县、乡（镇）村等的公路。

不同等级的公路其设计标准不同，同一等级的公路，在不同的地形条件下，其技术标准也不同。公路技术标准包括：设计车速、车道宽度、路基宽度、极限最小半径、停车视距、最大纵坡、桥梁设计载荷等。

公路按其政治、经济、国防上的重要意义和使用性质划分为五个行政登记，即国家干线公路（国道），省、自治区、直辖市干线公路（省道），县公路（县道），乡公路（乡道）和专用公路。

公路的线形、质量对运输安全、汽车行驶速度、运输时间、燃料消耗、机件和轮胎的磨损、车辆的使用寿命及运输的经济效益都有极大影响，其中影响最大的是公路的路面特性，包括路面的承重能力、强度、工作能力、平整度和粗糙度等。

路面按载荷作用下的力学性质，可分为柔性路面、刚性路面、半刚性路面；按采用的材料及其组成和施工方法可分为嵌锁法路面、级配法路面、稳定法路面和铺砌法路面。

柔性路面由黏塑性材料如沥青或粒料混合料等组成的层状路面结构，这类路面的特点是材料的抗弯拉强度较低，在车轮荷载作用下产生一定的弯沉变形，土基承受荷载较大，路面的承载能力取决于整个层状体系的荷载扩散特性，受土基强度和稳定性的影响较大。因此，必须采取路基、路面综合设计，首先要采取措施提高路面下 0.8～1.0m 范围内的土基强度与稳定性，同时要求路面各结构层之间结合紧密，保证结构的整体性和应力传布的连续性。柔性路面造价低于刚性路面，可以分期修建提高，在各国公路总里程中，大多数是柔性路面。

刚性路面主要指用水泥混凝土作面层或基层的路面结构，同柔性路面相比较，水泥混凝土路面具有高的抗弯拉强度和弹性模量，有强大的荷载扩散能力，车轮荷载通过板体可以在较大范围内以较小的压强作用于下层，因而路面的承载能力在很大程度上取决于板本身的抗弯拉强度，但是水泥混凝土属脆性材料，其拉伸应变能力很小，当板体受到突然荷载、温度急剧变化、土基不均匀变形时很容易产生断裂。为此，板体应划成一定尺寸的版块，设置各种类型的横向和纵向接缝，并要有坚实、稳定、均匀的基础。

半刚性路面是用石灰、粉煤灰、水泥等作结合料，同土或集料制成混合料铺筑的路面结构，这类结构不耐磨耗，不能作为面层使用，在前期它具有柔性路面的力学性质，但随龄期增长其强度和刚度则相应增大，显示出类似于刚性路面板体的一些特性。半刚性路面有良好的应力扩散性能，水稳定性好，造价低，20世纪 70 年代以后，世界各国趋向于把半刚性路面用作沥青路面的基层。

嵌锁法路面使用尺寸均匀的颗粒状矿料制作骨架，并逐层撒铺较小矿料嵌缝，经碾压后主要靠嵌锁作用而形成的路面结构，可用作路面面层或基层，这类路面包括水结碎石路面、泥（灰）结碎石路面、层铺法沥青表面处治的路面、沥青贯入式和沥青碎石路面等。

级配法路面由不同粒径的粒料按一定的质量比例配合，掺加一定数量的结合料经拌和、摊铺、压实形成的路面结构，可用作层或基层，粒料级配可分为密级配、开级配和间断级配。路面结构强度取决于结合料的性能和粒料粒径规格，这类路面包括级配砾（碎）石路面、路拌沥青碎（砾）石路面、沥青混凝土和水泥混凝土路面等。

稳定法路面是用经过处治的土或砂石材料修筑的路面结构层，目前常用的稳定方法有压实土、粒料稳定土、石灰稳定土、沥青稳定土、水泥稳定土或砂砾、石灰粉煤灰稳定土、砂砾和石灰炉渣土等，其他还有采用盐溶液、高分子聚合物、热处理和电化学方法等。

铺砌法路面是在具有一定强度的平整基础上，采用块料由人工铺砌修筑的路面，这种路面的强度主要依靠块料间的摩阻作用及基础的支撑作用。因此，铺砌法路面要求材料强度高、形状规则整齐、尺寸较大，用作面层的材料表面还应平整。手摆片石、锥形块石基层、拳石、块石、条石面层及水泥混凝土预制块、缸砖、木块路面等均属于这类路面，由于这类路面不便机械化施工，目前应用较少。

公路运输主要利用的是国家的公路交通网及其设施。运输活动中，必须严格遵守国家的有关法规，自觉爱护公路及各种公路设施，服从路政管理人员的管理，在组织超限运输时，应按规定向有关部门申请，取得有关部门的配合和支持，并按指定时间、路线实施运输。

四、我国公路的基本情况

截至 2020 年年末，全国公路总里程为 519.81 万千米，比上年年末增加 18.56 万千米；公路密度为 54.15 千米/百千米^2，增加 1.94 千米/百千米^2，公路养护里程为 514.40 万千米，占公路总里程99.0%，如图 3-1 所示[6]。

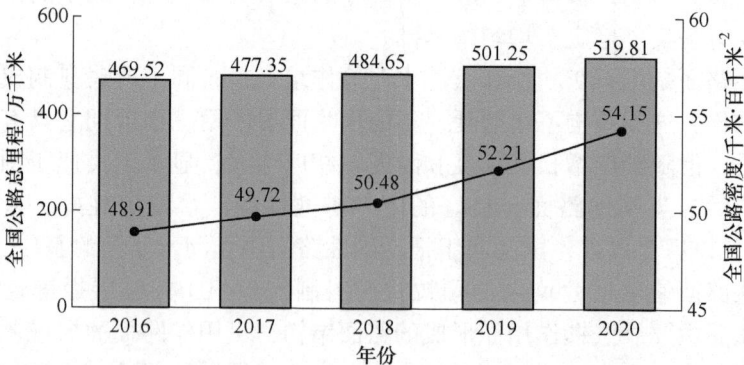

图 3-1 2016~2020 年全国公路总里程及公路密度

全国四级及以上等级公路里程为 494.45 万千米，比 2019 年年末增加 24.58 万千米，占公路总里程比重为 95.1%，提高 1.4%；二级及以上等级公路里程为 70.24 万千米，增加 3.04 万千米，占公路总里程比重为 13.5%，提高 0.1%；高速公路里程为 16.10 万千米，增加 1.14 万千米；高速公路车道里程为 72.31 万千米，增加 5.36 万千米；国家高速公路里程为 11.30 万千米，增加 0.44 万千米，如图 3-2 所示。

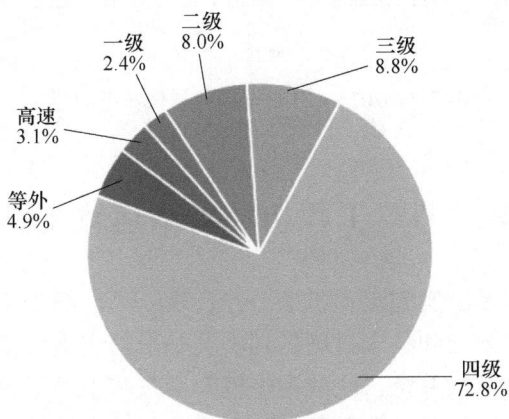

图 3-2　2020 年全国公路里程分技术等级构成

2020 年年末国道里程为 37.07 万千米，省道里程为 38.27 万千米，农村公路里程为 438.23 万千米（其中县道里程为 66.14 万千米、乡道里程为 123.85 万千米、村道里程为 248.24 万千米）。

2020 年年末全国公路桥梁为 91.28 万座、6628.55 万延米，比上年年末分别增加 3.45 万座、565.10 万延米，其中特大桥梁为 6444 座、1162.97 万延米，大桥为 119935 座、3277.77 万延米。全国公路隧道为 21316 处、2199.93 万延米，增加 2249 处、303.27 万延米，其中特长隧道为 1394 处、623.55 万延米，长隧道为 5541 处、963.32 万延米。

2020 年年末全国拥有公路营运汽车 1171.54 万辆，拥有载客汽车 61.26 万辆、1840.89 万客位；拥有载货汽车 1110.28 万辆、15784.17 万吨位（见图 3-3），其中普通货车 414.14 万辆、4660.76 万吨位，专用货车 50.67 万辆、596.60 万吨位，牵引车 310.84 万辆，挂车 334.63 万辆；完成营业性货运量 342.64 亿吨，比上年下降 0.3%，完成货物周转量 60171.85 亿吨千米。

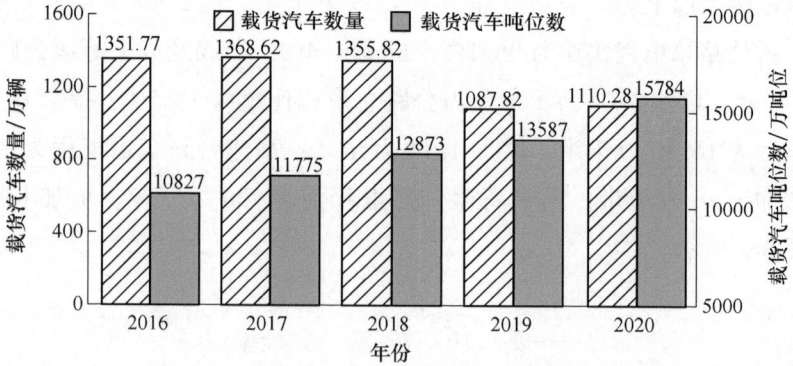

图 3-3 2016~2020 全国载货汽车拥有量

第二节 工程机械公路运输工具

使用大吨位运输系统实施工程机械公路运输，可以减少工程机械的磨损，性能良好的大吨位运输系统和技术过硬的驾驶员是成功实施大型工程机械公路运输的基础。一套大吨位运输系统，一般由 1 辆牵引车和 1 辆平板半挂车组成，每套系统有 1 名正驾驶员和 1 名副驾驶员负责车辆的驾驶与操纵。

一、牵引车

牵引车是车头与车厢之间用工具牵引的大型货车或半挂车，车头可以脱离车厢，具有驱动能力，该车头就叫牵引车。常见的牵引车有一汽解放 J7、泰安 4410、沃尔沃 FH16、欧曼 ETX6 系等，一汽解放 J7 配置参数如下：

（1）驱动形式：6×4；

（2）轴距：（3300+1350）mm；

（3）车身长度：6.915m；

（4）车身宽度：2.55m；

（5）车身高度：4m；

（6）牵引总质量：40000kg；

（7）最高车速：120km/h；

（8）发动机型号：锡柴 CA6DM3-55E52；

（9）汽缸数：6；

（10）排量：12.52L；

（11）马力：550hp；

（12）输出功率：407kW；

（13）扭矩：2300N·m；

（14）车架尺寸：300mm×80mm×8mm；

（15）前桥允许载荷：7000kg；

（16）后桥描述：465 升级冲焊桥；

（17）后桥允许载荷：18000kg（二轴组）；

（18）后桥速比：3.727；

（19）悬挂形式：钢板弹簧；

（20）弹簧片数：2/4。

按其支座能否移动，分为固定式、移动式和举升式。固定式牵引座的左右 2 支座由螺栓紧固在牵引座底座上，牵引座的底座再固定到牵引车的大梁上，固定式是应用最广泛的一种。移动式牵引座样式较多，结构与固定式相差无几，主要是牵引座底座与牵引车大梁连接方式采用了多孔或齿状设计，牵引座的底座可根据连接挂车的需要进行前后移动安装，以便与不同挂车顺利接挂。有的移动式牵引座还装有自动气压控制装置，可通过气压推动牵引座在滑槽内前后移动。举升式牵引座主要用在港口码头的牵引车上，牵引座可以一定范围的上下移动，以适应不同高度的半挂车。

按自由度不同，有单自由度和双自由度之分。单自由度牵引座又称单轴式牵引座，它只能做 80°左右的纵向倾摆，此类牵引座具有较高的行驶稳定性，适用于在较好路面上行驶的高速、轻载和重心较高的半挂车，缺点是由于不能横向摆动，所以车架承受的扭矩较大。双自由度牵引座又称双轴式牵引座，它可以做横向和纵向摆动，可对在不同路面环境下的重型运输牵引车的车架起到保护作用。

二、半挂车

半挂车是车轴置于车辆重心（当车辆均匀受载时）后面，并且装有可将水平力和垂直力传递到牵引车的联结装置的挂车。半挂车一般是三轴半挂车，是通过牵引销与半挂车头相连接的一种重型的运输交通工具。与"单体式"汽车相比，半挂车更能够提高公路运输的综合经济效益，运输效率可提高 30%～50%，成本降低 30%～40%，油耗下降 20%～30%，更重要的是，半挂车主要运输体积大且不易拆分的大件货物，比如挖掘机等。

低平板半挂车车载部位无栏板，用途广泛，主要用于中长途货运运输，系列半挂车车架为穿梁式结构，纵梁采用平直式或鹅颈式，腹板高度从 400mm 至 550mm，纵梁采用自动埋弧焊焊接，车架采用喷丸处理，横梁穿入纵梁并焊接整体，串联式干板弹簧和悬挂支座组成，结构合理，具有较强的刚性和强度，用来支撑载荷缓冲击。低平板半挂车通常用来运输重型汽车（如牵引车、大客车、专用汽车等）、轨道车辆、矿用机器、林业机器、工程机械（如挖掘机、推土机、装载机、铺路机、起重机等）及其他重载货物，其重心越低，稳定性和安全性就越好，运输超高货物和通过头顶障碍的能力就越强。低平板半挂车通常采用凹梁式（或者井型）车架，即车架前端为鹅颈（鹅颈前端的牵引销与牵引车上的牵引鞍座相连，鹅颈后端与半挂车架相连），中段为货台（车架最低部分），后端为轮架（含车轮）。在往低平板半挂车上装载机械设备时，通常是从半挂车后端装载机械设备，即采用从后轮架上面移动机械设备或者将车轮移除的方式，然后再将机械设备固定在半挂车上。低平板式半挂车行走结构使用高强度国际钢材质，整车自重轻，并保障其抗扭曲、抗震、抗颠簸能力，满足不同的路面承载能力。

重型低平板半挂车用于装载超大型和超重货件的挂车。重型挂车的基本形式为单体平板挂车，它一般有下列结构：车架和轮轴。轮轴多为两轴共线，即在一根轴线上有左右两根轮轴，也称作两轴列，常见的单体平板挂车有 2~7 道轴线。一根轮轴装 4 只轮胎，一道轴线就有 8 只轮胎，所以全车的宽度可达 3m 以上。为了降低整车重心，一般装用直径小而载重能力大的钢丝子午线宽轮辋轮胎，每只轮胎在低速运行条件下可承受 4t 左右的载荷。车架采用高强度合金钢箱形截面的焊接结构，通常一辆 5 轴线、两轴列的单体平板挂车可以载重百吨以上。

鹅颈式半挂车载货也很广泛，适用于多种机械设备、大型物件、公路建设设备、大件罐体、电站设备及各种钢材的运输。系列半挂车有平板式、凹梁式和轮胎外露式结构，纵梁采用平直式或鹅颈式，其车架为阶梯形，纵梁截面为工字形，具有刚度高、强度高等特点。车架货台主平面低，保证了运输的平稳性，适宜运载各类工程机械大型设备和钢材等。采用三轴平衡式活刚性悬架，在前后钢板弹簧之间装有质量平衡块，可使前后钢板弹簧的挠度等量变化，使用后轴受力均衡等。用途广泛，高效快捷，满足各种特殊货物的运输。

如果有数种不同类型的半挂车可供选择使用，使用单位必须选择一种具有合适的载重量和载货面积的车辆，通常应优先选择车身最低及自重最小的载重汽车，其与公路承载要求及路面净空高度限制尽量一致。

第三节　工程机械公路运输的装载与卸载

装卸是公路运输中的重要环节，在公路运输中，装卸工作停歇时间所占比重很大。通常情况下，装卸时间占运行时间的 20%~40%，而在装卸工作发生的停歇时间中，待装卸的时间又占相当的比例。因此，装卸工作停歇的时间对公路运输效率的影响是显著的，而且运距越短，这种影响就越突出，此外，装卸捆绑的正确与否，对车辆载重量和容积的利用及工程机械的安全和行驶的安全都有直接的影响。由此可见，如何正确地组织装卸工作，采用先进的装卸方法，使运输车辆与装卸机械取得最佳的配合，力求车辆停歇时间最短，耗费的装卸劳动力最少，工程机械运输质量最好，乃是公路运输需要认真解决的问题。

一、装卸工作组织

装卸工作是车辆在装卸点完成物资装卸和交接等全部作业的总称，它一般包括：

（1）调车进入装卸位置；

（2）清点数量；

（3）装车或卸车；

（4）做好装车或卸车的安全工作（含正确捆绑或解开）；

（5）办理交接手续。

装卸工作是完成公路运输工作必不可少的重要组成部分，它决定了车辆完成装卸作业所需的停歇时间，从而也影响了公路运输的效率。

装卸的停歇时间除了包括上述各项作业所需时间之外，还应包括车辆在装卸地点等待进行装卸作业的时间，它们除取决于所装卸的工程机械特性、车辆结构和装卸机械化程度外，在很大程度上还取决于装卸工作组织，如进行装卸作业的车辆数目是否与装卸机械的生产能力相适应；所采用的装卸机械化方案是否与所装卸的物资特性和车辆结构相适应等。所以，装卸作业必须科学组织，保证车辆随到随装（卸），正确选择装卸方案和装卸方法，最大限度地缩短装卸停歇时间，提高运输效率。

二、加固捆绑

如果运输车辆侧面和后面的挡板比较坚固，装载工程机械符合以下情况，就不必进行捆绑：（1）装载的工程机械紧靠侧厢板并与前后挡板无空隙；（2）装载的工程机械的高度不超过侧厢板与后挡板的顶端；（3）装载的工程机械不会有翻倒的风险或不会出现危险的移动。

（一）锁链加固

锁链和紧索具，是捆绑固定运输车辆上装载的工程机械最合适的器材，可以使用尼龙绳或涤纶带捆绑重量在 3t 以下的箱装货物，也可以使用数条尼龙绳或涤纶带捆绑更重的箱装货物，还可以使用白棕绳、钢索、物资网或钢带捆绑载运物。钢带宽不少于 2cm，最好是 3cm，每条钢带至少有两个弯曲弧度，环绕一圈连接时，至少要进行两次焊接使钢带紧密连接。

在进行捆绑时，通常应当采用同侧捆绑模式缠绕锁链或绳索，如图 3-4、图 3-5 所示，但当有下述情况时，应当采用交叉模式：一是采用同侧模式有障碍；

二是两条锁链使用装载的工程机械上同一个捆绑点时，一条锁链可以采用同侧捆绑模式，另一条锁链可以采用交叉捆绑模式；三是当采用同侧捆绑模式，锁链的捆绑距离太短，无法使用合适的紧索具进行紧固时；四是如果采用同侧捆绑模式没有横向角度，不能提供足够的横向约束力时，应采用交叉捆绑。

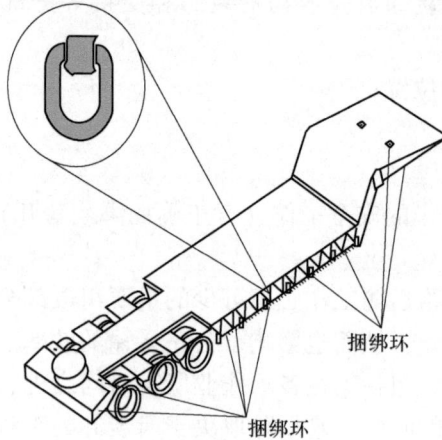

捆绑环

捆绑环

图 3-4 半挂车捆绑环

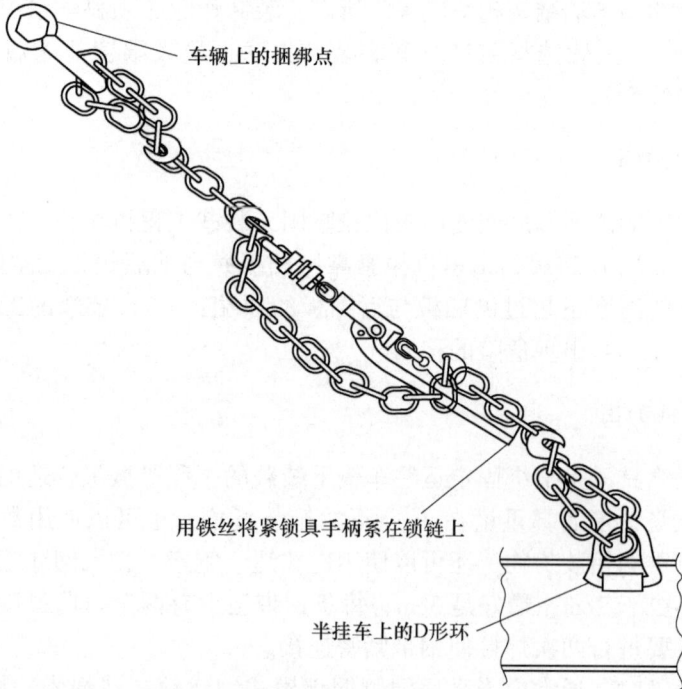

车辆上的捆绑点

用铁丝将紧锁具手柄系在锁链上

半挂车上的D形环

图 3-5 锁链加固

　　许多半挂车配有锁链和紧索具等基本设备的附件，如图 3-6 所示，当有锁链和紧索具时，应使用锁链和紧索具对工程机械进行捆绑。

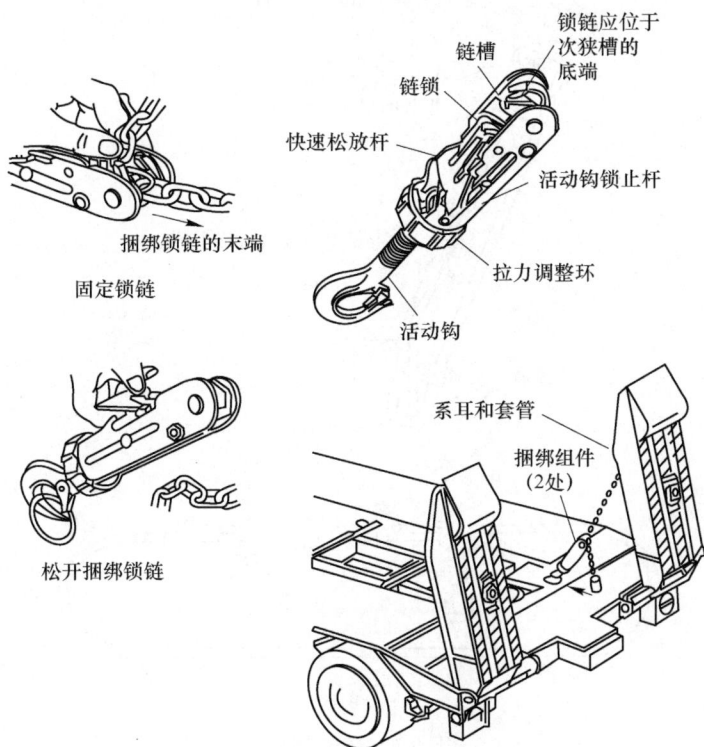

图 3-6 锁链、跳板、紧锁具

（二）钢索加固

　　在没有锁链可用，只能使用钢索时，钢索部件如图 3-7 所示。钢索捆绑的方法：将钢索穿过工程机械上的紧索具和平板卡车上的柱插，形成一个封闭的环状，钢索的直径和数量取决于工程机械的重量，在柱插之内使用一个套管，防止钢索发生摩擦生热，确保套管位于最有利的角度，以便能在公路运输中保护钢索并防止钢索从中脱落，使用套管时，应将套管延伸到开口端，利用比钢索大一号或两号的线夹，将套管与钢索固定在一起，使用制链器将钢索绷紧。

　　制链器，也叫夹子，利用它和滑动座架将钢索的两端可靠连接，拉力值为同直径大小钢索的六倍。制链器的大小必须与使用的钢索大小相匹配，封闭的绳圈至少应有四个线夹，不包括用于固定套管的那个线夹，使用高强度的线夹，其扭转力应达到规定数值，如果可用的线夹可承受的扭转力不能达到规定数值，应在每个钢索圈上使用 6 个线夹，可以用紧索螺套来使钢索适当地绷紧。在没有紧索

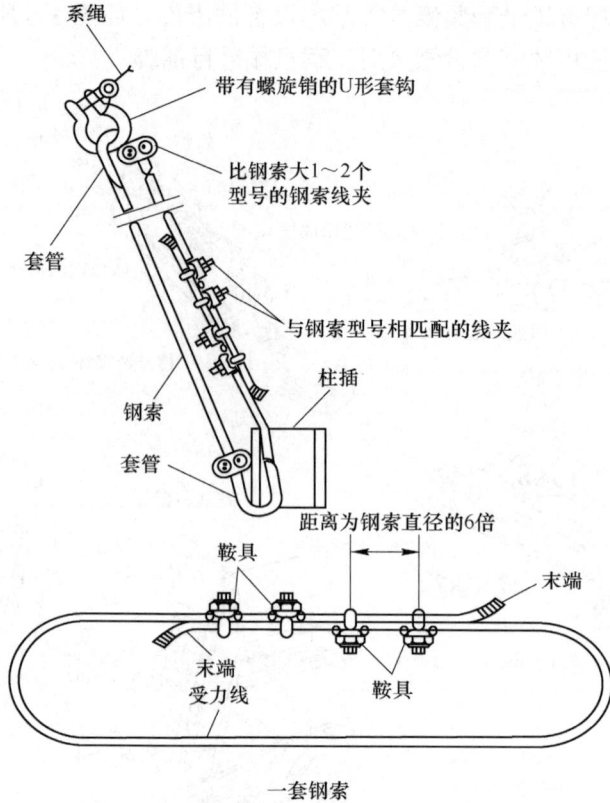

图 3-7 钢索部件

具可用时，也可以使用紧索螺套和锁链，应当使用带有钳口和金属圈的紧索螺套，建议不要使用端部为弯钩的紧索螺套。一个吊链和两个制链器可以替代一个紧索螺套，拉紧系于工程机械的钢索。注意，在钢索相交段的每边至少要留有600mm，便于制链器的使用，同时，要注意使钢索的绷紧度适当。

（三）捆绑加固程序及注意事项

（1）确保牵引车和半挂车停稳并制动，保证正在装载的工程机械开上平车货台期间，运输车辆处于稳定状态。

（2）如果运输车辆停放在斜坡上，对车轮倾斜的一侧应进行支撑，防止发生翻车事故。

（3）若装载的装备重量超过 55t，应在运输车辆后梁下面放置垫木。

（4）指挥员应站立在显著位置，确保能与载运车辆驾驶员始终可见，在距半挂车后角位置安排一名地面引导员，使其与指挥员可视。

（5）在实施装载作业期间，禁止无关人员进入，以免发生危险。

（6）当装载诸如起重机或推土机等笨重的履带式车辆时，应采取如下预防措施：根据装载重装备的重量选配牵引绳；将牵引车绞盘钢索与装载的装备牵引钩连接牢固；使用运输牵引车的绞盘时，尽量使牵引绳一直处于绷紧状态，防止装载的工程机械向后倾翻或翻滚，同时也有助于装载的工程机械在跳板顶端进行转弯，当装载起重机时牵引绳拉力与起重机前端的平衡力保持一致。

（7）将装载的工程机械熄火，关掉所有开关，关紧车门和舱口盖，转动车镜，确保装载的工程机械所有部件固定牢固，防止在运输期间发生问题，如图 3-8 所示。

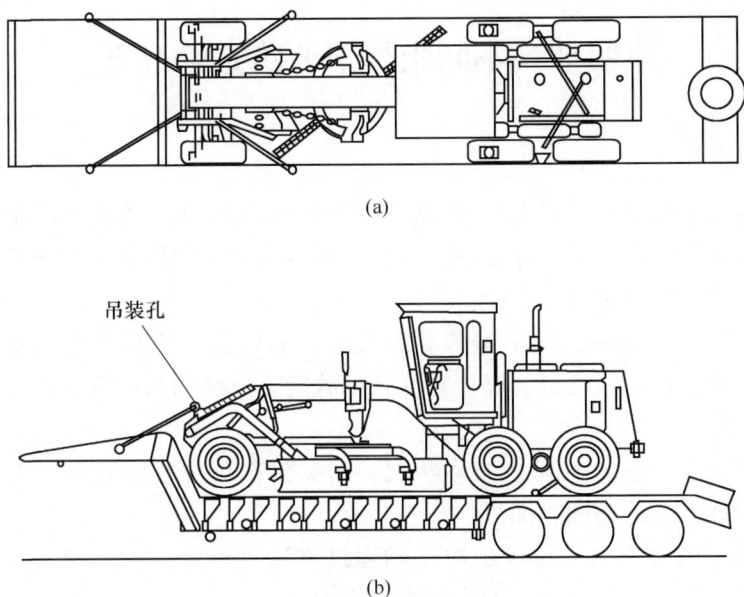

（a）

吊装孔

（b）

图 3-8　轮式推土机捆绑加固图

（a）俯视图；（b）侧视图

在半挂车上装载和捆绑履带式工程机械，还应注意以下事项：

（1）确保鹅颈上放置好适合于各种车辆装载物的木制缓冲器，当载运工程机械的部分与鹅颈相接触时，使用木制垫板，避免金属与金属直接接触；

（2）确保限位块适当地紧贴在半挂车上工程机械的履带上；

（3）使用紧索具，拉紧锁链；

（4）固定好锁链拉紧部分之外的剩余部分锁链；

（5）对于锁链装置，应使用金属丝固定锁链连接的开口钩；

（6）使用金属丝锁紧锁链拉紧装置，用扳手扭紧索螺套上的卡紧螺帽；

（7）拉紧载运车辆制动器，并将其变速器放于空挡位置；

（8）确保吊塔或其他旋转部件固定牢靠；

（9）当装载物符合普通运输标准时，要确保可收缩的准许通行灯处于缩进位置，当整个装载物比半挂车货台宽时，应将准许通行灯伸展出来；

（10）收起跳板并固定牢靠；

（11）确保所有设备附件都随车携带；

（12）检查牵引车和半挂车的制动和所有灯光，确保良好；

（13）行驶过程中应组织对捆绑加固进行检查，有条件的话，在出发后 3km 左右，安排进行一次检查，在途中停车或者出现问题，及时检查工程机械的捆绑加固情况。

第四节　不同条件下公路运输准备

一、险要路段

险要路段是指急弯、陡坡、曲狭路等险峻难行路段，这些路段车辆通过困难，容易造成车辆堵塞和行车事故。因此，通过时要采取周密的安全措施，加强组织指挥，确保安全通过。

（1）进行实地勘察。车辆遇险要路段时，通过前，应预先查明险要路段的实际情况，重点查明坡度、弯度、宽度、承载能力及路面状况等直接影响车辆通行的道路因素。

（2）检查车辆。检查车辆技术状况，对关键部位要重点检查，对承运的工程机械要进行必要的加固、捆绑。

（3）确定通过方法。驾驶员对车辆通过方法进行分析，列出注意事项，如果是车队，要精心安排顺序，安全有序，互相协助。

二、车辆涉水

工程机械在公路运输过程中，可能遇有河川等天然障碍，当遇到桥梁或桥梁被破坏时，可以根据具体情况组织车辆涉水，车辆涉水的程序与内容如下。

（1）勘察确定涉水路线。勘察确定涉水路线，主要勘察拟涉水河段的水深、河宽、流速、河床状况、河岸及出入水口的道路情况；选择涉水路线并做好标识；根据需求对出、入水口道路进行整修。

（2）布置准备工作，提出注意事项。将车辆低速平稳地驶入水中，保持发动机足够的动力，避免中途停车、换挡和急打方向，按照标定路线匀速通过，车辆出水后要低速行驶，连续使用脚制动器，恢复制动性能。

（3）进行车辆、物资准备。

1）车辆技术准备。车辆技术准备，主要是检查车辆的技术状况，尤其是关键部位的技术状况，防止车辆在水中出现故障。

2）落实防水措施。根据水深情况，对车辆及载运的忌湿物资进行防水密封处理，如车辆关闭百叶窗、放松风扇皮带、密闭通气孔、包扎电气部件、升高蓄电池、升高排气管出气口、用雨布对物资实施遮盖等。

3）车辆救援准备。配备必要的救援器材，提前进入停放位置，做好救援准备。

（4）指挥车辆涉水。

1）组织车辆逐台通过。通常应在入水口和出水口各派一名指挥人员，待前车驶上对岸再指挥后车下水，如果确认无危险也可拉大车辆车距依次通过，缩短涉水时间。

2）果断处置意外情况。当汽车在涉水中车轮打滑空转难以前进甚至淤陷时，要迅速停车，保持发动机不熄火，利用救援车、树木或绞盘帮助驶出，不得强行行驶，以防越陷越深。

（5）清理现场，撤除标识、警戒。

（6）恢复车况，拆除防水密封器材。

三、高原地区运输

高原地区空气稀薄、气候多变、自然条件恶劣，人员易产生高山反应，呼吸困难、体力消耗大，连续工作能力低。气压低，使发动机功率下降、制动效能减弱，道路坡陡、弯急、路窄，冬季积雪深，夏季降雨集中，昼夜温差大，使得运输安全和效率得不到保障。因此，组织高原地区运输更加复杂困难，应特别注意以下几个方面。

（1）行车前准备。应对人员进行适应性训练；加强车辆的检查保养；注意了解沿途道路、气象状况，采取相应措施；配备必要的药品。

（2）合理安排任务。适当减少单车载重量，并携带易耗器材，具有一定的独立保障能力。

（3）适时组织途中休息。掌握人员的身体状况，及时进行救治。

（4）食宿保障。自行保障时，应配备高压锅和保温器具，缺水地区要携带备用饮水，途中组织露营时，车辆应停在避风朝阳、远离谷口和不易发生自然灾害的地点，人员应尽量利用驾驶室、车厢住宿。

四、戈壁沙漠地区运输

戈壁沙漠地区，人烟稀少，水源稀缺，气候干燥，风沙大，气温变化剧烈，道路少且常被流沙覆盖，运输环境十分恶劣。风沙侵入车辆，使发动机及各机件表面磨损加快；流沙覆盖道路，使汽车行驶困难，运行速度降低；气温变化剧烈，干燥缺水，使人员体力消耗大、易疲劳；参照物稀少甚至没有，难以判明方向；遇沙暴袭击，还有被吹倒、埋没的危险。因此，组织沙漠地区运输，必须充分准备，严密组织。

（1）加强现场勘察。在戈壁沙漠地区运输前，通常应进行实地勘察，查明水源、天气、道路、风口、流沙等情况。

（2）注意车辆防护。对车辆采取防风、防沙尘等措施，密封油、水箱及加机油口；勤擦拭发动机外部的沙尘，勤清洗空气滤清器；加强日常保养和行车中检查，装载的物资不要过高，以防被风沙吹翻。

（3）组织供水保障。运输前，各车必须备足人员和车辆用水。

（4）做好救援准备。配备必要的救援器材，配齐牵引绳、木杠、铁锹、铁锅及防治轮胎下陷的铺垫物，以便自救或援救淤陷和流沙阻埋的车辆。

（5）注意判定方位。利用地图和指北针，正确判定方位，准确掌握行车路线，以免迷失方向走错路。

（6）谨慎行驶。沙丘中行车不轻易换挡，不轻易停车，不乱打方向，不乱用制动，要正确判断路面，快速换挡，保证发动机有足够的动力。

五、高速公路运输

高速公路与一般道路相比，具有行车速度快、通行能力大、控制出入、分隔行驶、行车较为安全等特点，主要注意以下几个方面。

（一）行车准备

1. 制订行车计划

应根据运输任务、时间、起止点位置，制定合理的行车计划，其主要是确定行驶路线，依据高速公路出入口分布及与其他公路连接的方式等，选择最佳驶入口，防止行车中产生迂回，从而减少行车时间，降低运输成本，提高经济效益，同时，还应视情安排好途中休息点，做好利用沿途加油、停车、维修等服务设施的计划。

2. 做好人员、车辆准备

高速公路行车，车速快、速度较均匀，驾驶员容易疲劳或产生速度误差而引起交通事故。因此，行车前要对车辆的制动装置、转向装置、传动装置、行走装置、灯光信号装置及其他部位，进行全面细致的检查，确保车辆技术性能符合高速公路行车要求，同时，还应加强对装载工程机械的捆绑加固检查。

（二）明确行车的有关规定

（1）车辆应当在规定的车道上行驶，禁止骑、压线行驶，要遵守有关限速规定，行驶时速不应低于 60km/h，小型客车不应高于 120km/h，大型客车、货运汽车不应高于 90km/h，特殊路段按规定执行。行车中不得随意停车，因发生故障等必须停车检修时，必须驶离行车道，停在紧急停车带内或右侧路肩上，并在故障后 150m 处放置故障车警告牌，禁止在行车道上修车。

（2）车辆在高速公路上行驶，应保持足够的行车间距，如遇大风、雨、雾、冰雪天气，应当减速行驶并增大行车间距，尽量避免紧急制动，防止追尾事故发生。高速行驶中尽可能小幅度操纵方向盘，如需变更车道，必须提前开启转向灯，确认安全后再变更车道。夜间行驶时，在路灯照明良好路段，需开防眩目近光灯、示宽灯和尾灯，当经过没有路灯或照明不良的地方时，需将近光灯改为远光灯，但同方向行驶的后车不准使用远光灯，超车时，需变换近光灯。

（3）车辆在高速公路上行驶，车速长时间不变易引起疲劳，应适时组织驾驶员休息，休息时应利用高速公路的服务区或停车场实施。

（4）车辆驶离高速公路时，应按出口预告标志进入与出口相接的车道并减速行驶，提前打开右转向灯，在减速车道上进一步减速行驶，经匝道驶出，如果错过预定出口，则只能在下一出口驶出，不得在高速公路上掉头、倒车。

第四章 工程机械航空运输

工程机械航空运输就是使用飞机、直升机及其他航空器运送工程机械的一种运输方式，但需要具备航空航线和飞机场的条件。

第一节 航空运输的特点及基本要素

一、航空运输的特点

航空运输的发展是和其本身具有的经济性是分不开的，与其他运输方式相比，它的主要特点可以概括如下。

（一）快速性

速度快是航空运输最大的优势和主要的特点。涡轮螺旋桨和喷气式民用飞机的时速一般为 500~1000km/h，比海轮快 20~30 倍，比火车快 5~10 倍。与地面运输相比，航空运输的运程越长，所能节约的时间就越多，快速的特点就越显著，利用航空运输节省的时间所创造的机会和经济价值是难以估量的。

（二）机动性

航空运输是由飞机在空中完成的运输服务，在两地之间只要有机场和必备的通信导航设施就可以开辟航线。与其他运输方式相比较，航空运输不受地面条件的限制，运输距离也比其他的运输方式短。飞机可以按班期飞行，也可以在非固定航线飞行。而且可以根据客货流量的大小和流向的变化及时调整航线和机型，航空可以在短时间内完成政治、军事、经济上的紧急任务，例如抢险救灾、医疗急救、近海油田的后勤支援工作等。

（三）准军事性

由于民航运输所具有的快速性和机动性，以及民航所拥有的机场和空地勤人员对军事交通运输的潜在作用，各国政府都视民航为准军事部门，一旦发生战争或紧急事件，军事部门可依据有关条例征用民航设施和人员。

（四）装载限制多

飞机由于舱体限制，即使大型宽体飞机的装载量也仅有 100t 左右，而民航运输属于资金和技术密集型行业，投资大、飞行成本高。由于民航运输运营成本高，因此与其他运输方式比起来，航空客货运价高、机舱容量小。

二、航空运输的基本要素

航空运输包含的基本要素主要为航空站、航空器、航线等。

（一）航空站

航空站，一般指机场，又称航空港，是提供飞机起飞的活动场所，它是在划定的一片区域场所上建造各种建筑物、设施，配备各种设备、装置，供飞机进行停放、加油、起飞、着陆、维修等保障活动。

（二）航空器

狭义的航空器指的是飞机。飞机由机体、推进装置、飞机系统和机载设备四个部分组成。

1. 机体

飞机机体由机翼、机身、尾翼、起落架等组成。现代民用飞机机体除起落架外一般都是以骨架为基础，支持飞机在空中飞行，也有一定的稳定操纵作用。机翼上装有很多用于改善飞机气动特性的装置，包括副翼、襟翼、前缝缝翼、扰流板等。民用飞机的燃油箱大多位于机翼内。

机身是飞机的主体，左右对称并呈流线型，机身用来装载人员、货物、安装设备，并将飞机的各部件连接为整体。大型客机机身一般由机头、前段、中段、后段和尾锥组成。

尾翼组由垂直尾翼和水平尾翼组成。垂直尾翼包括垂直安定面和方向舵，提供方向（航向）稳定性和操纵性；水平尾翼包括水平安定面和升降舵，提供俯仰稳定性和操纵性。

飞机起落架的主要部件有支柱、机轮、减震装置、刹车装置和收放机构等，其功能主要是使飞机起降时能在地面滑行，以及使飞机能在地面移动和停放。

2. 动力装置

发动机产生推动飞机前进的动力，动力装置除喷气发动机或活塞发动机外，还包括一系列保证发动机正常工作的系统，如燃油供应系统等。

3. 飞机系统

飞机系统包括飞机操纵系统、液压传动系统、燃油系统、空调系统、防冰系统等。飞机操纵系统将驾驶员在驾驶舱内发出的操作指令传递给有关装置、驱动舵面，从而改变和控制飞机姿态；液压系统的作用主要是传动和控制压气机燃烧室操纵系统和起落系统等；燃油系统用于储存飞机所需的燃油，并在飞机的不同飞行状态和工作条件下按要求的压力和流量连续可靠地向发动机供油，同时，油还可以冷却飞机上的有关设备和平衡飞机；防冰系统是防止结冰给飞机飞行带来危害，功能包括防止结冰与去除冰块。

4. 机载设备

机载设备主要是为驾驶员提供有关飞机及其系统的工作情况的设备，通过机载设备驾驶员能随时得到飞行所必需的信息，并可在飞行结束后向维修人员提供有关信息。现代大型运输机驾驶舱内的机载设备包括飞行和发动机仪表、导航、通信和飞行控制等辅助设备。

（三）航线

航线是指飞机往返两个或者几个地点的飞行路线，民航主管部门批准的依据导航系统划定空域构成的空中道路。航线分为国际航线、国内航线和地区航线。

第二节 工程机械航空运输载运工具

航空运输载运工具主要是运输机。运输机是指用于输送人员和物资的飞机，通常有较完善的通信、导航、操纵等设备，具有较强的适航能力，能在昼夜间复杂气象条件下飞行，具有较大的载重量和续航能力。运输机的使用范围主要分军用和民用两种，民用运输机主要从事旅客输送、运送货物及通用航空飞行等，在抗震救灾中使用较多的载运工具还有直升机。

一、民用货机

民用货机主要有 B737-300F、B747-200F、B747-400F、A300F、MD11F、Y8F-100 等几种机型，其技术参数见表4-1。B747-400F 是目前最大的民用货机，有 4 个货舱，5 个舱门，可装运各种大型机械，其具体参数见表4-2。

表4-1　几种典型货机技术参数

机型	主要性能指数				
	经济巡航速 /km·h^{-1}	最大航程 /km	最大业载 /t	货舱容积 /m^3	使用跑道 /m
B737-300F	856	3226	16.1	210	1700
B747-200F	935	12416	75.5	777	3200

机型	主 要 性 能 指 数				
	经济巡航速 /km·h⁻¹	最大航程 /km	最大业载 /t	货舱容积 /m³	使用跑道 /m
B747-400F	935	8149	113	777.8	3200
A300F	850	8060	37.4	200	3000
MD-11F	850	5250	75	607	3000
Y8F-100	550	5720	20	122.8	1800

表4-2　B747-400F 技术参数

基本参数	机长 /m	70.44	机高 /m	19.41	机宽 /m	6.5	翼展 /m	59.64	
	空机重量 /t	160	最大起飞重量 /t	396	最大滑行重量 /t	395			
	最大着陆重量 /t	302	最大无油重量 /t	276	最大业载 /t	100			
	平均速度 /km·h⁻¹	950	平均小时耗油量 /t·h⁻¹	12	货舱容积 /m³	943.5			
	最大飞行高度/m	13746							
货舱参数	主货舱	地板承受强度 /kg·m⁻²	181.4	前货舱	地板承受强度 /kg·m⁻²	90.7			
		最大重量限制/t	173.7		最大重量限制/t	27669			
		容积/m³	736		容积/m³	100			
	后货舱	地板承受强度 /kg·m⁻²	90.7	散货舱	地板承受强度 /kg·m⁻²	68			
		最大重量限制/t	22938		最大重量限制/t	6749			
		容积/m³	81.5		容积/m³	26			
舱门参数	鼻门	舱门尺寸 /m×m	2.64×2.45	舱门离地高度/m	4.72~5.18				
	主货舱侧门	舱门尺寸 /m×m	3.4×3.05	舱门离地高度/m	4.19~5.10				
	前货舱门	舱门尺寸 /m×m	2.64×1.65	舱门离地高度/m	2.7~3.07				
	后货舱门	舱门尺寸 /m×m	2.64×1.65	舱门离地高度/m	2.87~3.05				
	散货舱门	舱门尺寸 /m×m	1.12×1.25	舱门离地高度/m	2.98~3.44				

	类型	外形尺寸 /m×m	厚度 /cm	承重能力 /t	标准自重 /kg	各货舱最大可装载数量		
						主货舱	前货舱	后货舱
集装板参数	标准集装板	3.18× 2.44	1	6.804	115	29	5	4
	20ft（6.096m） 集装板	6.06× 2.24	5	11.34	500	12		
	备注	主货舱装载 12 件 20ft(6.096m)集装板后，还可装载 4 件标准集装板						
跑道参数	民用机场等级	4E	跑道尺寸最低要求 （长×宽)/m×m			3200×45		
	跑道 PCN 值 要求	R/A	≥59	R/B	≥69	R/C	≥81	
		R/D	≥92	F/A	≥62	F/B	≥69	
		F/C	≥85	F/D	≥108			

二、民用客货机

客货机数量较少，目前只有 B737-300QC，其最大业务载重为 16.1t，另外还有客改货机 B757-200SF，最大业务载重 23t，货仓容积为 300m^3。

三、直升机

直到 2008 年汶川地震，直升机救援才作为一种救援手段投入到抗震救灾中，汶川地震军方和民航系统共调用了 100 多架直升机，机型包括：直-11、直-10、直-8、直-9、小羚羊、黑鹰、米-8、米-171、米-26 等，直系列中直-8 出场次数最多，米-171 为主力机型，米-26 主要吊装大型挖掘机等，其他由于受到高空性能和吨位的限制使用频次较少。

直升机最显著的特点是旋翼，即可旋转的翼面，直升机利用旋翼旋转时产生的升力和推力，能完成固定翼飞机难以完成的悬停、垂直起落、前飞和侧飞等各种飞行动作，凭借着独特的飞行性能，直升机可在受灾地域随时起降，参与救灾的直升机可在 30~40m^2 的狭小空地上实施起降，并且能够在空中悬停，这种独具的机动性和适用性，在抢险救灾中非常有用，尤其是在山地、丘陵、高原地带，直升机的机动性能表现得更为突出。

（一）直升机运输的特点

（1）具有较好的机动性、灵活性。使用直升机运输比公路快十多倍，尤其适用于山岳丛林、沼泽稻田等地带，以及在地面运输困难、交通被破坏和没有机场的条件下实施应急空运。

（2）能靠近或直接在目标区着陆，无法正常着陆可悬停乘（卸）载，是抢险救灾中用途广泛的运输手段。

（3）受气象、地形条件影响小。直升机运输起降要求低，可根据需要，灵活地起降于河滩、山头、山谷等地带，特别适用气象复杂的抢险救灾情况。

（4）活动半径小，飞行高度低，速度慢，载量小，耗油大，后勤保障复杂。

（二）直升机的结构

以单旋翼直升机为例，直升机的构造分为机身、旋翼、动力装置、传动和操纵系统、起落装置、尾梁和尾桨6个部分。

1. 机身

机身包括驾驶舱和机舱。机舱用来装载人员、货物和其他设备，机身把直升机的各部分连在一起，和飞机的机身构造大体相同，最大的不同在于飞机的机身最大的受力部位在机翼和机身的结合部，而直升机的最大受力部位在机身顶部旋翼的桨毂和机身结合部。

2. 旋翼

旋翼是直升机最关键的部位，它既产生升力，又是使直升机水平运动的拉力来源，旋翼旋转的平面是升力面又是操纵面。旋翼由桨叶、桨毂和连接桨叶、桨毂的机构组成，桨叶的叶片数取决于直升机的载重量大小和设计的要求，一般来说，直升机的起飞重量越大，所需的桨叶的叶片越多，从最少的两叶直到大型直升机的6叶或7叶、8叶。桨叶经受很大交变弯曲应力和振动，因而要求极好的弹性和疲劳寿命。从原理上讲，旋翼和螺旋桨没有区别，但是旋翼要提供升力和拉力，而螺旋桨仅提供拉力，获得足够的升力，桨叶要做得很长，旋翼直径从小型直升机的5~10m到大型直升机的20~30m，最大的有32m。桨叶连接在桨毂上，构成整副旋翼。

3. 动力装置

直升机的动力装置要提供旋转扭矩使旋翼和尾桨旋转，现在的直升机主要使用涡轮轴发动机，发动机之后装有主减速器，通过减速把动力传输给旋翼和尾桨，对直升机的发动机除要求重量轻和耗油率低之外，由于直升机经常常用于短途飞行，它的工作场所离地面近，因而要求发动机部件有良好的耐疲劳性能和抗腐蚀性能。

4. 传动和操纵系统

直升机要通过改变旋翼的桨距和倾斜旋翼平面的方向来改变飞行方向，因而它的传动和操纵系统和飞机是全然不同的。

5. 尾梁和尾桨

单旋翼直升机由尾桨产生一个力矩来平衡由旋翼旋转产生的使机身旋转的反作用力矩。直线向前飞行时，尾桨产生的力矩和旋翼的反作用扭矩平衡，控制尾桨的推力大小，就可以使直升机转向，尾梁上还装有水平和垂直的安定面，保证直升机的航向和纵向稳定。

6. 着陆装置

直升机的着陆装置多数采用三轮或四轮起落架，用于着陆缓冲和地面滑跑，由于直升机速度低，起落架除少数速度较高的直升机外，一般不回收。

（三）直升机运输

从国外抢险救灾经验来看，重型运输直升机对加快道路、桥梁等关键设施的抢修速度，缩短工程期限，具有重大意义。重型直升机通常吊运能力超过 10t，凭借强大的运载能力和空中机动能力，可直接从空中向施工地域吊装和吊运大型救灾设备与器材，如俄罗斯重型运输直升机米-12 可直接吊装 30t 的大型设备，米-26 则可以直接把履带式液压挖掘机、推土机等抢险机械直接吊运到铁路、公路的各个塌方处，使多个塌方点可以同时施工，大幅度缩短抢通时间；当遇到桥梁已被破坏的河流，重型直升机可以直接吊运成型钢桥，架设桥梁或直接抢通道路。

直升机吊运操作，具有一定的飞行难度，分为电气监控、结构两部分。电气监控是管控外挂装置升降、释放操作的结构，监督吊运的安全部分，提供监控和协调；结构是指直升机连接吊物的部分，包括铰接、钢索、吊挂点等，完成吊挂物装卸。吊运控制主要是指挂货、运输、卸货控制。

1. 挂货控制

在直升机起飞之后，飞行到运输货物的上方，装载人员把工程机械外挂在吊运的主钢索上，飞行员确定工程机械挂装完毕后，垂直上升，拉直钢索，缓慢提升工程机械，沿着航线稳定运输货物。挂钩到地面的间距尽量保持在 1.5m 左右；索具员检查吊运钢索，确保拉紧后才可撤离；直升机垂直上升到货物距离地面最少 3m 处，逐渐加速运行，预防外挂工程机械碰撞地面。

2. 运输控制

直升机外挂吊运，进入正常的运输航线内，涉及加速、转弯、减速等操作，均要平稳地进行，降低转换操作的速度，缓慢完成转换操作，预防操作幅度过大，引起工程机械摆动。

3. 卸货控制

到达卸载地点，飞行员缓慢操作直升机下降，指导工程机械着地，索具员及时发送旗语信号，卸载人员摘下挂钩并撤离，飞行员操作直升机偏向一侧飞行，并提拉钢索，完成卸载。

第三节　工程机械航空运输装卸方式

航空运输装卸是指车辆装备或物资通过货舱门进出运输机货舱的作业过程。按使用的装卸设备不同，可分为自行装卸、滑轨装卸、吊车装卸、牵引装卸和人力装卸等方式。

一、自行装卸

自行装卸指车辆装备运用自身动力通过货桥或辅助货桥自行进出货舱完成的装卸。

自行装载要求如下：

（1）装备自行装载前，要搭设好飞机货桥，放下尾撑并接通飞机上的通风机。

（2）装载前，应对所运车辆装备的制动和悬挂系统进行检查，确认技术状态良好；油箱的载油量，不得超过该装备油箱最大容量的1/2；漏燃油、润滑油和特种工作液的装备不允许装机。

（3）装载时，工程机械应由技术熟练的驾驶员驾驶，以最小速度（一挡）行驶，使装备纵向中心线与飞机纵向中心线重合，发现偏差及时调整确保工程机械平稳进入货舱，以防碰撞飞机。

二、滑轨装卸

滑轨装卸指工程机械通过在飞机滚棒传送装置上滑行进出货舱完成的装卸。

三、吊车装卸

吊车装卸指工程机械通过飞机机载吊车起吊移动进出货舱完成的装卸。

四、牵引装卸

牵引装卸指工程机械通过飞机机载绞车或其他动力牵引移动进出货舱完成的装卸。

牵引装载要求如下：

（1）工程机械牵引装载时，以电动绞车或牵引车为动力，辅以装卸钢索、装卸滑轮、拉紧滑轮、支承辊等附件来实现；

（2）利用电动绞车装载不同重量的工程机械时，要根据飞机货舱内的装货示意图标牌进行，并在牵引的工程机械后面放置止动轮挡，随工程机械一起运动；

（3）在没有电动绞车或电动绞车不能利用时，可在机外地面利用牵引车代替电动绞车，采用专用牵引钢索对工程机械实施牵引装载，在牵引较重工程机械时，需要在主货桥后加接辅助货桥，减小坡度。

五、人力装卸

指通过人力搬运进出货舱完成的装卸。

六、其他要求

（一）集重工程机械装载

（1）对于超过飞机地板承载能力的集重工程机械，应采取分载措施，避免荷载过于集中；

（2）集重工程机械装载时，应在工程机械与货舱地板之间放置飞机上配备的分力垫，并与工程机械一起系留固定在地板上，当制式分力垫不够使用时，可用木板或钢板代替，分力垫的重量应计入工程机械的重量之中，以免飞机超载；

（3）对于轮式工程机械，可使用飞机上配备的专用分力轮挡，来增加接触面积。

（二）用技术状态良好，符合装载要求的货机

（1）机型要求：根据工程机械的重量、外形尺寸，选择能够载运的货机，所选机型能够满足起降机场的条件，并适应所飞航线，在条件允许的情况下，应尽量选择对气象条件要求较低，能够夜航、航程远、速度快的飞机。

（2）飞行条件要求：飞机的技术性能状况良好，无故障工作，飞行速度、高度、航程、载重等必须符合飞机技术说明书的要求，消防、救生、通信、装载与系留加固等设备齐全。

（3）货舱要求：飞机货舱门结构尺寸应保证工程机械能装入，并能在货舱内放置下，机舱地板或滑道应能够承受工程机械产生的载荷。

（三）装载系留

工程机械系留时，应按规定的系留方式使用飞机上的系留钢索实施，工程机械系留点的数量不应少于4处，相应间隔应均匀。

第四节　人力辅助装卸设备

人力辅助装卸保障设备主要包括三种装备：滚轴货物输送滑道、机上堆高车及机上搬运车。

一、滚轴货物输送滑道

（一）功能与结构

滚轴货物输送滑道主要用于 500kg 以下散装货物的人力辅助装卸。

滚轴货物输送滑道由模块单元，采用模块化组装的方式，组装成规格为 4000mm×700mm×20mm 的一个整体单元，共 6 个整体单元。模块单元组装为一个整体输送单元的方法如图 4-1 所示，用尼龙 610 材质的串销将每个模块单元横向串接为一个整体。

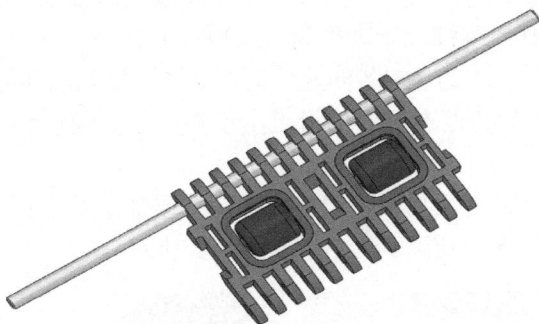

图 4-1　用串销将每个模块单元横向串接成整体

在串接时应注意，横向中间留出三个模块单元的空间，纵向留出四个模块单元的空间，便于容纳一个成年人的脚（见图 4-2），也可以不预留人脚空间，这时操作人员的脚步交替在两侧进行。

图 4-2　串接完成后的一个整体输送单元

（二）技术性能

（1）尺寸参数不大于 4000mm×700mm×20mm；

（2）自重不大于 40kg；

（3）额定载重不低于 500kg；

（4）24m 拼接速度不大于 2min（2 人）。

（三）操作使用

1. 设备展开

用于地面与机舱间装卸载时设备的展开方法如下：

（1）飞机尾板打开后，2 名作业手抬起飞机自带的辅助货桥，将其对准尾板中心安放到位；

（2）1 名作业手负责 1 卷输送滑道，将 6 卷输送滑道展开，通过辅助货桥的平滑过渡作用，将其连续铺设于地面与机舱地板上；

（3）2 名作业手为 1 组，1 名作业手负责对准、压紧两卷输送滑道的对接处，1 名作业手负责用串销将两卷展开的滑道串接在一起，使连续铺设的输送滑道横向串接为整体；

（4）2 名作业手将过渡垫板抬起，根据装载或卸载的不同需要，将过渡垫板过渡面朝下放置在输送滑道适当位置，如图 4-3 所示。

图 4-3　安置过渡垫板

至此，设备展开工作就绪。

用于运输车与机舱间装卸载时的设备展开方法如下：

（1）1 名作业手负责指挥司机，以不高于 5km/h 的速度将运输车对准舱口中心，缓缓倒车，在留出 400mm 的安全距离处，将车停住，拉上手制动，完成运输车与飞机舱口的对接；

（2）2 名作业手将一块过渡垫板抬起，使过渡面朝上，将过渡垫板搭设于运输车与飞机舱口地板之间；

（3）按照上述方法铺设并串接 4 卷相对独立的输送滑道；

（4）2 名作业手将另一块过渡垫板抬起，使过渡面朝下，根据装载或卸载的需要，放置在输送滑道的适当位置。

至此，设备展开工作就绪。

2. 散装物资装载方法

地面至机舱的散装物资装载方法如下：

（1）2 名作业手为一组，将累计 500kg 以下的散装物资从地面抬装于过渡垫板上；

（2）2 名作业手分别将 1 根拉绳绑紧于过渡垫板前面左、右拉环上；

（3）每组的 2 名作业手负责前拉，另外 2 名作业手负责后推，采取“前拉后推”和各组连续循环的作业方式，将散装物资通过滑道输送至机舱。

运输车至机舱的装载方法如下：

（1）在运输车后板箱部分，2 名作业手为一组，将累计 500kg 以下的散装物资抬装于过渡垫板上；

（2）2 名作业手分别将 1 根拉绳绑紧于过渡垫板前面左、右拉环上；

（3）每组 2 名作业手负责前拉，另外 2 名作业手负责后推，采取“前拉后推”和各组连续循环的作业方式，将散装物资通过滑道输送至机舱。

3. 散装物资卸载方法

机舱至地面的卸载方法：散装物资从机舱卸载至地面，输送滑道的铺设、拼接方法与装载方法相同，不同的是开始时将过渡垫板的过渡面朝下放置于尾板或机舱内地板上输送滑道的适当位置上，具体步骤如下：

（1）安置辅助货桥；

（2）铺设、拼接输送滑道；

（3）放置过渡垫板，将拉绳绑紧于过渡垫板机头方向的拉环上；

（4）装填散装物资于过渡垫板上；

（5）将过渡垫板连同货物推拉至地面。

机舱至运输车的卸载方法：散装物资从机舱卸载至运输车，输送滑道的铺设、拼接方法与装载方法相同，不同的是开始时将过渡垫板的过渡面朝下放置于尾板或机舱内地板上输送滑道的适当位置上，具体步骤如下：

（1）搭设过渡垫板一；

（2）铺设、拼接输送滑道；

（3）放置过渡垫板二，将拉绳绑紧于过渡垫板机头方向的拉环上；

（4）装填散装物资于过渡垫板上；

（5）将过渡垫板连同货物推拉至运输车。

4. 设备收拢

装卸任务完成后，将6卷相对独立输送滑道接头处的串销拔出，将6卷输送滑道分别卷起，用尼龙绳绑好，便于储存、运输与随机机动。说明：待后续其他散货物资装卸系列设备研制成功后，将设计便于移动和上下飞机的专门集成容纳箱。

二、机上堆高车

（一）功能与结构

机上堆高车主要用于300kg以下散装货物的堆高。机上堆高车主要由上门架、下门架、液压系统、挂架、轴、货叉、支脚、前轮、后轮组成，如图4-4所示。

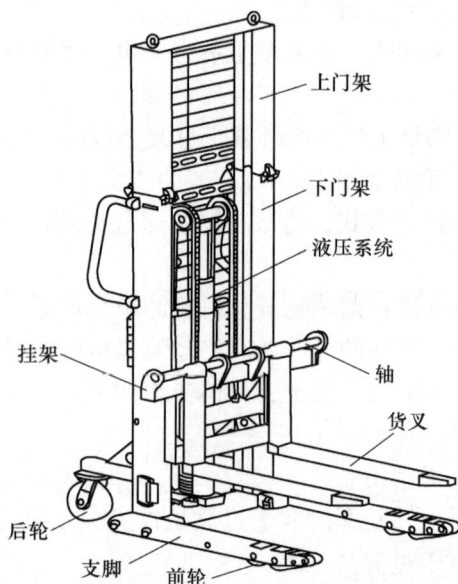

图4-4　机上堆高车结构图

（二）技术性能

（1）最大堆码重量：300kg；

（2）最大堆码高度：1600mm；

（3）自重：不大于156kg；

（4）展开尺寸：不大于1240mm×750mm×2014mm；

（5）折叠尺寸：不大于 480mm×750mm×1400mm。

（三）操作使用

1. 使用前检查
（1）检查各插销连接件是否连接牢固；
（2）检查手摇泵油量是否足够，是否有渗漏现象；
（3）检查货叉、手柄及其他焊接地方是否有裂纹及异常；
（4）检查刹车是否灵敏。

2. 操作使用说明
机上堆高车的操作必须由经过培训的专人操作。

（1）使用前如果上门架处于折叠状态，则在需使用时应翻转上门架与下门架对接，并用插销连接牢固；调节货叉之间的宽度，适应堆码货物的尺寸，如果货叉不在最低位置，逆时针旋转液压系统上的截止阀，挂架及货叉自动缓慢下降，使货叉降低到最低点，然后顺时针旋紧截止阀。

（2）装载货物：当货叉在最低位置时，先顺时针旋紧液压系统上的截止阀，货叉对准所需堆码的货物底部空隙处，慢速推进货叉，使货叉完全兜住货物，然后刹住刹车，再用脚踩液压系统踏板或用手摇动液压系统的手摇杆升起货叉和货物，货叉升到所需要的高度时，停止摇动手摇泵，液压系统则自锁，保持高度位置。注意：装载货物时，应慢速操作，注意安全，避免货叉与货物发生碰撞。

（3）移动货物：在移动货物前，应尽量把货叉高度降低，以免发生意外，移动时应双手握紧手柄，然后松开刹车，慢速移动。注意：移动货物应尽量在平地上进行，不可在坡度大于10°的地面移动货物，移动时注意避让，以免发生安全事故。

（4）卸载货物：移动货物到位后，根据货物所需摆放的方位，调整好堆高车方向，然后用脚踩动液压系统踏板升起货叉和货物，升起时注意观察，避免碰撞，升到所需高度后，停止踩动液压系统踏板，慢速推动堆高车前进，直到把货物推到所需摆放的位置，然后逆时针旋转液压系统上的截止阀，使货物安全着陆在摆放位置后，立即顺时针旋转液压系统上的截止阀，然后慢速退出堆高车，再降下货叉，把堆高车推到安全位置摆放。

3. 装卸结束后的工作
（1）装卸货物后，如果不再使用堆高车，应降下货叉，卸掉液压系统压力，把堆高车存放在安全、干燥、无腐蚀气体的环境；
（2）检查堆高车有无损坏或异常，有异常应立即上报；
（3）存放时，应刹紧刹车，防止堆高车移动，如果长期不使用堆高车，应用罩子罩住堆高车，做好防腐、防锈、防潮、防尘工作。

4. 使用维护注意事项

（1）使用前应检查并确保堆高车一切正常，无任何异常情况；

（2）使用中应按照顺序操作，严格、正确地使用设备，避免一切人身伤亡和物质损坏事故；

（3）堆高车工作地面应为表面平整、基础承压不小于 $14kN/m^2$ 的硬质水平地面；

（4）工作环境中不得有雨滴、漏水、严重潮湿及腐蚀性气体；

（5）使用中应注意安全，慢速操作，避免碰撞，应由经过培训的专人操作；

（6）应定期检查堆高车有无异常情况，特别是一些关键部位如液压系统、货叉、刹车、插销；

（7）使用完后，应卸掉液压系统压力；

（8）在储存运输时，可把堆高车进行折叠，运输中应保护好设备，以免与外物发生碰撞；

（9）在储存时，应做好防腐、防锈、防潮、防尘工作，储存期不得超过2年。

三、机上搬运车

（一）功能与结构

机上搬运车主要用于 150kg 以下散装货物的人力辅助装卸。

机上搬运车主要由把手、横杆、弯板、轮子组成，如图 4-5、图 4-6 所示。

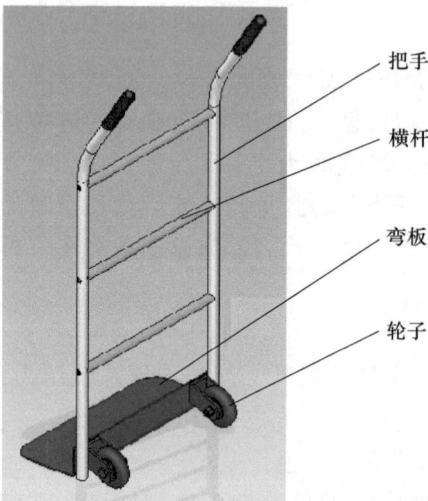

图 4-5　机上搬运车结构图

图 4-6　机上搬运车实物图

（二）技术性能

（1）最大装卸重量：150kg；

（2）自重：不大于40kg；

（3）外形尺寸：不大于450mm×350mm×1150mm。

（三）操作使用

1. 使用前检查

（1）检查焊接地方是否有裂纹及异常；

（2）检查轮子是否完好及其他地方有无异常。

2. 操作使用说明

搬运车的操作必须由经过培训的专人操作。

（1）装载货物：推动搬运车使其立起来，弯板着地，往前推动叉进货物底部，使弯板完全兜住货物，然后以轮子为支点，把货物撬起来，使其落在搬运车上，即可搬运货物到所需地方。注意：撬起货物时，应慢速操作，注意安全，预测危险，避免货物落地砸到脚，或发生其他危险。

（2）移动货物：在移动货物时，应双手握紧手柄，掌握好平衡和行走速度，注意侧翻，同时观察前方，避免发生碰撞和其他危险事故。注意：移动货物应尽量在平地上进行，不可在坡度大于15°的地面移动货物，移动时注意避让，以免发生安全事故。

（3）卸载货物。移动货物到位后，根据货物所需摆放的方位，调整好搬运车方向，以轮子为支点，把搬运车立起来，使货物往前着地，然后退出搬运车。注意：不可使车子侧倒，以免砸到脚。

3. 装卸结束后的工作

（1）装卸货物后，如果不再使用搬运车，应把搬运车存放在安全、干燥、无腐蚀气体的环境；

（2）检查搬运车有无损坏或异常，有异常应立即上报；

（3）如果长期不使用搬运车，应用罩子罩住搬运车，做好防腐、防锈、防潮、防尘工作。

4. 使用维护注意事项

（1）使用前应检查并确保搬运车一切正常，无任何异常情况；

（2）使用中应按照顺序操作，严格、正确地使用设备，避免一切人身伤亡和物资损坏事故；

（3）搬运车工作地面应为表面平整、基础承压不小于$14kN/m^2$的硬质水平地面；

（4）工作环境中不得有雨滴、漏水、严重潮湿及腐蚀性气体；

（5）使用中应注意安全，慢速操作，避免碰撞，应由经过培训的专人操作；

（6）在储存时，应做好防腐、防锈、防潮、防尘工作，储存期不得超过2年。

第五节　叉装装卸设备

一、5吨空运装载机

（一）功能及使用范围

5吨空运机场装载机，用于运输机机场地面装卸的专用保障装备，保障对象为300kg以下大件散装货物和5000kg以下集装单元。装载机具有一定的爬坡和机动能力，能够随机空运，货叉具有灵活的前后、左右、上下等姿态调整功能。外貌如图4-7所示。

图4-7　5吨空运装载机

（二）技术性能

1. 作业能力

（1）额定起升质量：5000kg；

（2）满载爬坡能力：不低于25°；

（3）起升高度：最小不低于1100mm，最大不高于3200mm；

（4）最大空载行驶速度：不低于35km/h；

（5）载荷中心距：1125mm；

（6）展撤时间：不大于 10min。

2. 基本性能参数

（1）整机质量：不大于 12000kg；

（2）外廓尺寸：不大于 7500mm×2460mm×2750mm；

（3）前车架调平角度：±10°；

（4）涉水深度不小于 900mm；

（5）最小离地间隙不小于 320mm；

（6）加满燃油连续作业时间不小于 8h；

（7）纵向通过角：不小于 16°；

（8）接近角：不小于 20°；

（9）离去角：不小于 20°。

3. 适应性指标

5 吨空运机场装载机的自然环境适应性指标如下：

（1）作业环境温度：−41～46℃；

（2）储存极限温度：−55～70℃；

（3）相对湿度耐受能力：具备在相对湿度 95%（40℃）条件下的持续工作能力；

（4）抗风压能力：能在风速 9.4m/s（相当于 5 级风力）条件下展开、收拢；能在风速 20.7m/s（相当于 8 级风力）条件下作业；

（5）抗盐雾腐蚀能力：能抵抗使用中的盐雾腐蚀环境条件的有害影响；

（6）太阳辐射耐受能力：在太阳辐射强度 $1120W/m^2$ 条件下，不发生变形及发黏、龟裂、损坏等；

（7）抗淋雨能力：能耐受降雨强度 2mm/min、持续时间 1h 的淋雨；

（8）防生物侵蚀能力：能防止各类霉菌、真菌、白蚁和啮齿类动物的有害影响；

（9）高原适应性：能在海拔高度 4500m 以下区域正常作业。

（三）操作使用

1. 安全操作要求

（1）人员安全：

1）操作人员应具有基础的机械、电气、液压知识；

2）操作人员需要经过相应的培训，培训合格后方可进行操作；

3）操作人员应佩戴基本安全防护装备；

4）指定一名人员作为安全监督员。

（2）装备安装、作业及维护安全：

1）操作前确定设备是否失灵、安全设备和保护措施是否到位；

2）更改设置，保养和维修等必须在停机后进行，完成保养或维修后，需将安全防护设备放回原来正确的位置；

3）装卸、搬运、维修、保养作业时，无关人员必须远离危险区域；

4）液压系统维护时，要确保系统内的压力被释放掉，才能进行下一步工作。严禁系统内部有压力的情况下拆装液压元件和管路；

5）运转时严禁靠近液压泵传动轴、泵与马达联轴器等高速旋转件。

（3）用电安全：

1）必须由专业人员安装电源、布置电路；

2）安装和维修电路时，必须保证电源总开关处于关闭状态；

3）松开和损坏的电线应立即更换；

4）使用原装的保险丝，不得使用不合格保险丝；

5）不得使用不合适的绝缘体材料。

（4）防火防雷：

1）灭火器应定期检查，压力不足或灭火器过期应及时补充或更换；

2）禁止雷雨天气作业，防止雷击。

2. 使用前的准备及检查

主要介绍5吨可空运机场装载机使用之前的准备和检查工作要求。

（1）准备：

1）人员准备：

①操作人员必须熟悉设备的结构形式，并且经过培训考试合格后方可单独作业；

②人员数量：2名，其中1名为指挥员，1名为驾驶员；

③操作人员具有相关装备操作经验并经培训合格；

④指挥人员必须经过培训合格。

2）作业条件准备：

①工作环境地域要求：平直坚硬的水泥地面或沥青路面，长不小于10m，宽不小于10m；

②自然环境要求：作业温度为-41~46℃；

③抗风压能力：能在风速9.4m/s（相当于5级风力）条件下展开、收拢；能在风速20.7m/s（相当于8级风力）条件下作业。

（2）检查：5吨可空运机场装载机在运行之前，操作人员要保障各部位工作性能正常，特别要做好以下准备和检查：

1）检查液压油量；

2）检查燃料箱的油量；

3）检查安全设备功能是否正常；

4）确认各开关和按钮处于初始状态；

5）空气滤清器芯无损坏，若有污黏、损伤应予清洗或更换，清洗用软毛刷刷洗，严禁用柴油或水清洗；

6）检查燃油油质、牌号和油量，若不符合使用要求务必更换和补充；

7）检查底盘各功能：

①检查车架是否有损坏；

②检查轮胎气压是否正常；

③检查轮胎螺栓、关键连接部位是否有开裂和松脱现象；

④检查制动装置各连接处是否可靠；

⑤检查电路是否完好，刹车是否可靠。

3. 操作控制器介绍

（1）驾驶室仪表。司机室内仪表布置如图4-8所示。

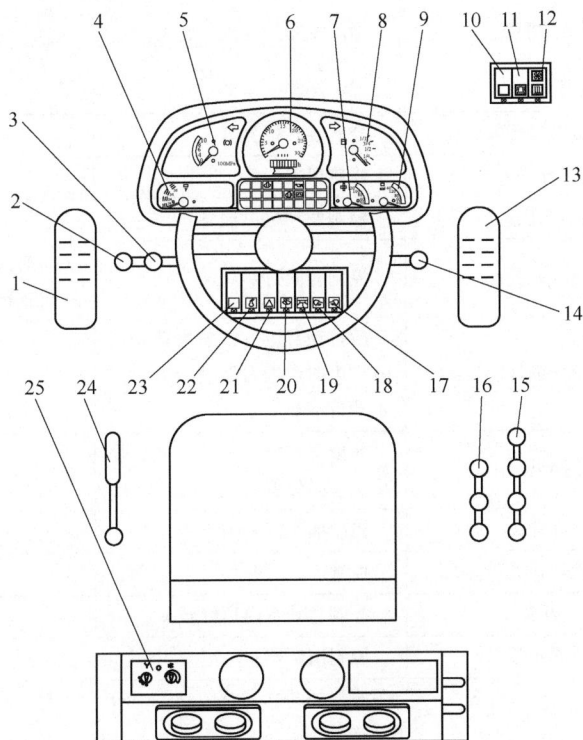

图4-8　仪表及操纵机构布置示意图

1—刹车踏板；2—速度操纵杆；3—操作杆节点；4—电压表；5—气压表；6—发动机转速小时表；7—水温表；8—燃油油位表；9—变矩器油温表；10—备用开关；11—旋转报警灯开关；12—风扇开关；13—油门踏板；14—转向灯开关；15—动臂操纵杆；16—转斗操纵杆；17—前大灯开关；18—后大灯开关；19—顶灯开关；20—雨刮器开关；21—危机信号；22—乙醚开关；23—备用；24—手制动杆；25—空调开关

（2）操作机构功能说明。驾驶室内结构功能及动作操作，见表4-3。

表 4-3 驾驶室内结构功能及动作操作汇总表

序号	名　称	动作与功能	附　注
1	刹车踏板	踩下踏板即刹车	
2	速度操纵杆	由后向前分别是倒挡、空挡、一挡、二挡	
3	电压表	指示电器系统电压	
4	气压表	显示刹车气压	686~784kPa 为正常
5	发动机转速小时表	显示发动机转速、整机工作累计时间	
6	水温表	指示发动机冷却水温度	超过 100℃ 需停车
7	燃油油位表	指示燃油箱油位	
8	变矩器油温表	指示变矩器油温	超过 110℃ 需停止工作，发动机低速运转降温
9	备用开关		
10	旋转报警灯开关	控制旋转报警灯	
11	风扇开关	控制风扇开关	
12	油门踏板	控制发动机供油量	
13	转向灯开关	控制转向灯	向前拨左转向灯闪光，向后拨右转向灯闪光
14	动臂操纵杆	后拉动臂上升，前推动臂下降，再向前推为浮动，中间位置动臂不动	
15	转斗操纵杆	前推叉具倾翻，后拉叉具收斗，中间位置叉具不动	
16	前大灯开关	控制前大灯开关	
17	后大灯开关	控制后大灯开关	
18	顶灯开关	控制驾驶室内顶灯开关	
19	雨刮器开关	控制雨刮器开关	
20	危机信号	控制转向灯同时闪动，表示示警	
21	乙醚开关	控制乙醚喷射（冷启动）	
22	备用		
23	手制动操纵杆	拉起为制动，放下为松开制动	
24	空调开关	控制空调开关及温度	

4. 基本操作

（1）展开与撤收步骤：

1）展开：

①解开锁链，将货叉放平；

②根据货物尺寸调整货叉间距；

③准备作业。

2）撤收：

①车辆熄火；

②将货叉并拢在一起；

③抬起货叉，并用锁链锁紧。

3）要求：

①严格按照展开与撤收的顺序进行操作；

②操作人员在操作时，不可突然放手，防止货叉砸伤人员；

③操作人员禁止站立在货叉上。

（2）变速操纵。变速操作如图4-9、图4-10所示。

图4-9　变速操纵实物照片图

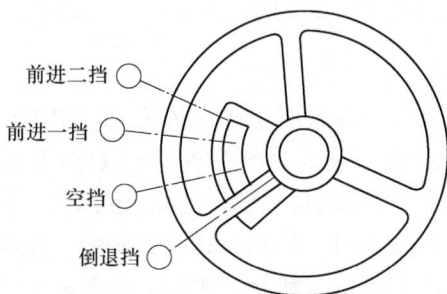

图4-10　变速操纵各挡位示意图

（3）工作装置操纵。工作装置操纵如图 4-11 所示。

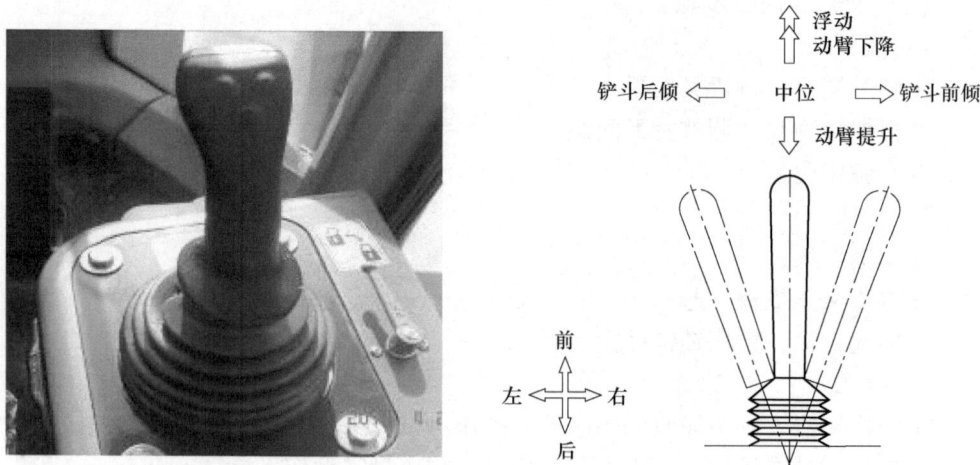

图 4-11　操纵杆各位置示意图

（4）停车手制动。停车手制动如图 4-12 所示。

（5）座椅的调整和使用。座椅的调整和使用如图 4-13 所示。

5. 勤务运用

（1）安全规则：

1）安全规定：

①要时常调整身体状况，绝不可在身体不佳的时候操作机器，如果身体不舒服，或者吃药后觉得发困及喝酒以后，都不得操作机器。在这种情况下，会由于操作失误给自己和他人带来伤害；

②当与另一操作员或工地上的交通指挥员一起工作时，必须保证所有人员都明白所使用的手语信号。

图 4-12　手控制动器照片图

2）安全防护用品：

①在操作或保养机器时，应根据工作具体情况确定需要的个人保护用品；

②操作或保养机器时应戴硬质材料的帽子和安全眼镜，穿安全鞋、反光背心，戴面罩、耳塞和手套；当抛撒金属屑片和微小杂物，尤其是用锤子钉销和用压缩空气清除空气滤清器杂质时，切记佩戴安全风镜，戴硬质材料帽和厚手套；

③不要穿宽松的衣服，否则可能扣入或卷入控制系统或移动部件，造成重伤或死亡；

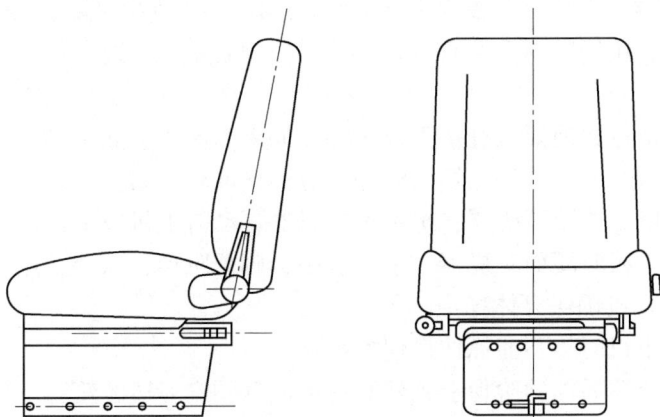

图 4-13 双向减震座椅

④切记勿穿油腻衣服以防引燃；

⑤压缩空气可能造成人身受伤，使用压缩空气清洁时，要穿戴好面具、防护衣服和安全鞋，用于清洁的压缩空气最大压力应低于 0.3MPa；

⑥所有的保护用品在使用之前要检查其功能是否正常。

3）未经许可的改装。任何未经生产厂家许可的改装都可能导致危险，在改装机器前，应向生产厂家或其指定的经销商咨询。

（2）安全操作：

1）了解机器：

①只有经过授权许可的人员才能对机器进行操作和维修；

②操作和保养机器时要熟悉并遵守所有的安全规定、注意事项及指令；

③学习随机提供的资料，学习机器构造、操作和保养，熟悉机器各按钮、手柄、仪表、报警装置等的位置和功能；

④彻底了解操作中的各种规章制度，学会使用工作中的所有信号；

⑤如果在操作位置上附着油脂类时，有滑溜危险，要立刻擦掉；

⑥操作前后务必准确进行各项检查，例如：检查所有安全保护装置是否处于安全状态；检查轮胎是否磨损及轮胎气压是否正常等，若将漏油、漏水、变形、松动、异常音响等置之不理，有发生故障和严重事故的隐患，因此检查必须定期进行。

2）离开操作人员座椅时一定上锁：

①从操作人员座椅起身时，一定要用锁紧装置把操纵杆锁紧，把停车制动开关拉起，将其置于制动位置，避免因不注意而碰到未锁紧的操纵杆，造成工作装置运动而引起的事故；

②离开机器时要将工作装置完全降低到地面，用锁紧装置把操纵杆锁紧，然后关闭发动机，用钥匙锁上所有设备，始终把钥匙带在身边。

3）上机和下机：

①上机或下机之前要检查扶手或阶梯，如果有油迹、润滑剂或污泥，应立刻将它们擦干净，此外，零件损坏要修理，螺栓松动要拧紧；

②绝不可跳上或跳下机器，绝不可在机器移动时上机或下机；

③上机或下机时要面对机器，手拉扶手，脚踩阶梯，保持三点接触（两脚一手或两手一脚）以确保身体稳当；

④上机或下机时绝不能抓住任何操纵杆；

⑤不能从机器后面的阶梯上到驾驶室或从驾驶室旁边的轮胎下机；

⑥携带工具或其他物品时不要攀上或攀下机器，应该用绳子将所需工具吊上操作平台。

4）防火。发动机使用的燃油、润滑油等属于易燃物质，烟火接近机器非常危险。因此，必须注意以下事项：

①将火焰远离上述可燃液体；

②加注燃油时，必须关闭发动机，在加油过程中禁止吸烟和靠近明火；

③拧紧所有上述可燃液体的存储箱盖；

④将上述可燃液体装在标有相应标记的容器中，置于固定地方，分类存放，防止非工作人员使用；

⑤将堆积在机器上的可燃材料，例如燃油、润滑油或其他碎物要清理干净，确保没有油布或其他易燃品存在；

⑥不要对含有可燃液体的管道进行电焊或火焰切割，如需电焊或者切割，需在电焊或切割之前，用不燃液体清洁干净才能电焊或切割；

⑦机器作业时，如果将消音器排气口接近枯草、旧纸等易燃品，容易发生火灾，因此在有枯草、旧纸等易燃品的地方作业时，要特别注意；

⑧停置车辆时，要注意选择车辆周围的环境，特别是在消音器等高温附近没有枯草旧纸等易于燃烧物品的地方；

⑨检查燃油、机油、液压油是否渗漏，若有渗漏，应更换破损软管，修复后清理干净再操作；

⑩蓄电池附近会有爆炸性气体产生，千万不可将烟火靠近，严格按照产品说明书维护、保养和使用蓄电池；

⑪检查黑暗的地方，不可使用明火（火柴、打火机等）。

5）道路行驶：

①由于本机器备有工作装置，前方眼界有障碍，同时装载货物时重量集中在前轮，在道路上行驶时，机器的前后稳定性要注意；

②观测有无造成视觉障碍的大雾、烟尘或沙尘等天气；

③事先了解工作场地，观测路况有无孔洞、障碍物、泥泞和冰雪等；

④若在公路或高速公路上行驶，应先参阅产品说明书，熟知并遵守当地法规和道路行驶规则，使用"慢行车"标志，确保标识、警灯和警示标记到位，不可引起道路交通的障碍，特别是在道口不要滞留；

⑤彻底了解操作中的各种规章制度，学会使用工作中的所有信号，要做到一眼就能看出各种信号旗、信号标志的含义。

6）灭火器和急救箱。如发生受伤或火灾，应按以下的注意事项采取行动：

①一定要备有灭火器，仔细阅读使用说明，一定要知道怎样使用；

②在作业工地一定要备有急救箱，要定期检查，如有必要则增补一些药品；

③发生火灾或受伤时应该知道怎样做；

④要选定好一些人员的电话号码（如医生、急救中心、消防站等），以便在紧急情况时联系，把这些联系电话号码贴在规定的地方，确保所有的人员都知道这些号码和正确的联系方法。

7）预防轧伤或切断：

①勿将手、胳膊或身体的任何其他部位置于可移动的部件之间，如工作装置和油缸之间、机器和工作装置之间、前后车架铰接处。随着工作装置的运动，连杆机构处的空间会增大或减少，如果靠近就可能导致严重事故或人员损伤，如确需进入到机器的运动部件之间，则一定要关闭发动机，并将工作装置锁紧；

②在机器下面工作时要正确地支撑好设备或附件，不要依靠液压油缸来支撑，如果控制机构移动或液压管路泄漏，任何附件都会掉下来；

③除非另有说明，否则不能在机器运转或发动机开动时做任何调节；

④要避开所有旋转和运动零件；

⑤要保证发动机风扇扇叶中没有杂物，风扇扇叶会把落进或推进其间的工具、杂物抛出或切断；

⑥开动发动机进行检查保养是非常危险的，原则上是不允许的。

8）乙醚（如果机器选配有乙醚冷启动装置）：

①乙醚是有毒并且是可燃的物品；

②吸入乙醚蒸气或皮肤经常碰到乙醚都会使人受伤；

③使用乙醚的地方应有良好的通风条件；

④在更换乙醚缸时不要吸烟；

⑤使用乙醚时要注意防火；

⑥不要将乙醚缸存放在生活区域或放在驾驶室里；

⑦不要将乙醚缸放在太阳直射的地方或温度超过39℃的地方；

⑧把废弃乙醚缸放在安全地方，不要在其上穿孔或烧烤；

⑨将乙醚缸置于远离非工作人员的地方。

9）附件的注意事项：

①安装和使用备用附件时，请阅读有关附件的使用说明书和手册内与附件有关的信息；

②不要使用生产厂家或其指定的经销商未许可的附件，使用未经许可的附件，可能产生安全问题，不利于机器的正常操作，影响使用寿命。

（3）安全启动：

1）启动机器前了解周围环境：

①在开始作业之前，了解周围环境，认真检查周围环境中所有会引起险情的异常情况；

②检查工地的地形和地面状况，并确定最好和最安全的作业方法；

③在开始作业之前应把地面尽可能搞得坚实和水平，如果工地的沙尘很大，在开始作业之前应洒水；

④如果要在大街上进行作业，则应有专人负责指挥交通，或在工地四周设置栅栏和张贴"请勿入内"的标记，保护行人和车辆；

⑤如果在室内等封闭场地工作，一定要保证有效的通风，避免废气中毒；

⑥对于有埋藏设施，如水管、煤气管、高压电缆管道的地方，应与主管公司联系，以确定埋藏设施的位置，并注意在施工时不要损坏这些设施；

⑦当在水中或沼泽区进行作业或通过砂质堤岸时，首先要检查地面状况、水深和水流速度，一定不能超过允许的水深，不能让驱动桥壳底部着水，工作完成后，要清洗检查润滑油加注部位。

2）启动机器前的检查：

①每天作业前，要对机器仔细检查，坚持执行日常维修保养工作，如果发现异常状态，立刻向管理人员报告，加以维修后再开始操纵；

②检查机器是否存在漏油、漏水、螺栓松动、异响、零件破损丢失等故障；

③检查确认前后车架锁定杆是否已经脱开锁定；

④检查冷却液液位、燃油油位和发动机油底壳里的油位是否正常，检查空气滤清器是否有堵塞；

⑤检查所有的照明及信号灯光是否正常，如果检查结果有任何不正常，则应进行修理；

⑥检查各仪表是否工作正常，检查操纵杆应在停放位置；

⑦把驾驶室玻璃和所有的灯上的脏物擦掉，保证有良好的能见度；

⑧调整后视镜到合适的位置，使得操作人员有良好的视野，如后视镜的玻璃已损坏则应换上新的；

⑨在操作人员座椅周围不要遗留零件和工具。由于在行走和作业时会产生振

动，这些东西可能会跌落并使操纵杆或开关损坏，或者会使操纵杆移动致使工作装置开动，导致发生事故；

⑩把操作人员座椅调整到容易操作的位置，检查座椅安全带和安全带的固定装置是否损坏，安全带使用三年后，必须更换；

⑪检查灭火器是否正常；

⑫把扶手、阶梯上的油脂及鞋上所沾的污泥清除干净，以免上车时滑倒和影响操作。

3）启动机器：

①在登上机器之前，检查机器上、机器下或附近是否有人，提示他们离开，当他们离开后再启动机器；

②如果操纵杆上贴有"请勿操作"的警告标签，禁止启动发动机；

③首先坐在座椅上，调整座椅使你能够舒适操纵并系好安全带；

④熟悉仪表盘上的警示装置、仪表和操纵控制机构；

⑤确认停车制动器是否拉上，所有的操纵机构是否均置于中位；

⑥鸣笛警示周围的人离开；

⑦按照说明书启动发动机；

⑧只能在驾驶室内启动发动机，严禁将起动电动机短路来启动发动机，这样通过旁路起动系统会造成机器的电路系统损坏，而且这种操作非常危险；

⑨当需要使用乙醚冷启动装置时，应事先阅读说明书，乙醚是易燃物，注意防火；

⑩当发动机配备了塞状预加热器时，禁止使用乙醚。

4）启动机器后的检查：

启动机器后操作机器前，应进行以下检查，确保不存在安全隐患：

①检查发动机运转时，是否存在异响或异常振动，如果存在，说明机器可能有故障，应立刻向管理人员报告，加以维修后再开始操纵；

②在空挡情况下，检测发动机转速控制；

③观察仪表、仪器、警示灯，确保它们能正常工作且在指定工作范围内；

④操纵所有的控制杆，确保灵活自如；

⑤操纵挡位控制机构，以确保机器的前、中、后挡位准确；

⑥按照使用说明书检测脚制动阀和油门操纵阀是否正常，在低速下测试左右转向是否灵活；

⑦确保倒车报警器能正常工作；

⑧机器行驶前，确保手制动处于脱开位置。

（4）安全行驶：

1）注意自己和他人安全：为了每个人的人身安全，要养成良好的操作习惯。

①开动车辆前，应先鸣喇叭发出信号，确认安全后再开动；

②特别要确认前后左右没有人或障碍物；

③向外边伸手伸腿会造成受伤，不可将胳膊和脚放在作业装置上，或伸出车辆之外；

④操作时不可往旁处看，心不在焉，一瞬间的疏忽会招大祸，应当对行进方向和周围作业的人十分注意，有危险时应鸣喇叭示警；

⑤不可敞开驾驶室的门扇行走（固定的门扇不在此限）；

⑥在车辆上让人搭乘运行很危险，除驾驶员以外不可让人上车；

⑦严禁用叉具作为工作平台或载人；

⑧在普通道路上应遵守交通规则，不可引起道路交通的障碍，特别在道口要迅速通过；

⑨在道路上要靠边行走，注意为其他汽车让路，并保持适当车距。

2）满载运输：

①不要高举装满物料的叉具运输，这样很危险，当满载运输时，应选择合适的速度，并使叉具放低置于后倾靠挡块位置，以适当的离地高度运行（500~600mm），这样可以降低重心，保证车辆的稳定性；

②装载货物量不可超过机器的额定承载能力，应确认机器的载荷在允许范围内，避免过载；

③运输时，避免急行车、急刹车、急转弯和迂回行走；

④使工作装置急速停止、急速下降很危险。如果工作装置急速停止或急速下降，有时将装卸物抛出去，或是发生车辆翻倒，应避免此危险。

3）严禁超速行驶：

①要十分熟悉车辆的性能，按照作业现场的实际情况，确定适当的行驶速度，同时，确定机械运行路线和作业方法，使有关作业的人员周知；

②保持低速运行，以便车辆时刻处于可控制状态；

③在崎岖、光滑路面或山坡上行驶时，避免高速行车、急转弯和急刹车；

④在没经整理的地方，或高低不平的路面、或路面上有散乱物时，有时会发生方向盘控制困难，引起翻倒等事故，因此通行时，必须降低速度；

⑤发动机要平稳旋转，严禁高速度行驶时转向。

4）保证良好的能见度：

①在前方视线不佳处，或行驶到狭窄的道路路口，要降低速度行驶，必要时鸣笛告以其他车辆，或让人引导，避免野蛮操作；

②沙尘、浓雾、暴雨等天气会影响能见度，当能见度降低时，要尽量减速慢行；

③因为是特殊车辆，尤其在搬运长尺寸物体时，视野不好，在升降、前进后

退、换挡时都应当十分小心，同时不要让人进入作业范围内或有人负责引导；

④夜间对于距离的远近，地面的高低容易发生错觉，务请维持适合于照明的速度行走；

⑤作业时要点亮前大灯和顶灯等。

5）注意障碍物：

①有障碍物（建筑物的顶棚或门口上部等）的地方，车辆进行转弯和行驶时，注意不要使车辆和装载物与之碰撞；

②在狭窄的地方行驶或转向时，要注意周围的安全，降低速度，确认周围是否有障碍物；

③路面状况不良时，装卸不安定，应当慎重操纵，要避免装卸物发生失稳现象。

6）在恶劣环境下行驶时应注意：

①在恶劣环境下作业和行驶时要十分注意安全，不要在危险的地方单独工作，应当事前调查行走路面的状况、桥梁的强度、作业现场的地形、地质的状态；

②如果在潮湿或松软的地方行走时，应注意车轮陷落或刹车效果；

③在水中或沼泽区作业时，不能让驱动桥底部着水；

④堆放在地面上的泥土和沟渠附近的泥土是松软的，在机器的重量或机器的振动下可能坍塌，致使机器倾倒；

⑤避免操纵车辆靠近悬挂物或深的沟壑，有可能因为机器的重量或振动使这些地方塌陷，造成机器倾翻，人员伤亡；

⑥当工作地点有落石的危险或机器有倾翻的危险时，应使用保护装置；

⑦连续在雨天作业时，由于作业环境和刚下雨时发生变化，应谨慎作业，在地震和爆破之后的场地上有堆积物，作业时要特别小心；

⑧在雪地工作时，装载工作会因雪而发生很大的变化，所以应减小装载量，并小心不要使机器打滑。

7）在坡道上安全行驶：

①在坡道上横行或变换方向，有车辆翻倒的危险，不可进行此种危险操作。

②避免在斜坡上转向，只有当车辆到达平坦地面时方可转向。在山头、岸堤或斜坡上作业时，应降低速度和采用小角度转向。

③只要有可能，宁可上下坡，也不走小巷或人行道。

④下坡前先选择合适的挡位，切勿在下坡过程中换挡。

⑤在坡道上行走时，由于车辆的重心移动到前轮或后轮，要慎重操纵，绝不可用急刹车。

⑥在山坡、堤坝或斜坡上行驶时，使叉具接近地面，离地面 20~30cm，在紧

急情况下，应迅速把叉具降到地面，以帮助车辆停住或防止翻倒。

⑦如果满载到坡道时，采用一挡行驶，上坡要前进，下坡要后退行走，不可转弯。

⑧下坡时若实施制动应采用不切断动力制动，即踩下制动踏板，利用不切断动力时，不要操作变速操纵杆或把变速箱置于空挡，如果速度超过该挡速度以上时，应当踩制动踏板降低速度。

⑨当机器在坡道上行走时，如果发动机熄火，应立即把制动踏板完全踏下以施加制动，把叉具降到地面上，然后施加停车制动以固定住机器的位置。

⑩如果在斜坡上（坡度应<15°）发动机熄火，请立即踩下制动踏板，然后将叉具放在地面上并使用停车制动，把方向和变速操纵杆放在中位，启动发动机。

8）改变方向行驶：为防止受伤或死亡，即使机器装有倒车报警器和后视镜，在移动机器或工作装置之前，也一定要遵守下述各项规则：

①鸣喇叭以警告在现场的人员；

②检查机器附近有没有人，特别要注意检查机器的后方，因为这个区域从操作人员座椅上是看不清楚的；

③在有险情或能见度不良的地方作业时，要指定一人来指挥工地交通；

④未经同意的人员绝对不能进入到转弯方向或行走方向的区域内；

⑤不能在高速下改变行走方向。

(5) 安全作业：

1）作业流程：

①根据货物宽度，调整货叉左右距离；

②驾驶员在指挥员的指挥下，根据货物位置调整货叉高度并保持水平；

③驾驶员驾驶装载机向货物慢慢靠近，在货物前1.5m处停车；

④指挥员观察货叉与货物左右位置，并指挥驾驶员适当调整货叉使叉货点左右对称；

⑤驾驶员操作装载机慢慢向前开进，直至货物抵靠货叉根部，如图4-14所示；

⑥指挥员指挥驾驶员慢慢抬起装载机小臂，而后慢慢抬起大臂至适当高度，如图4-15所示；

⑦根据需要将货物放置指定地点。

2）保持好的操作习惯：

①操作时应始终坐在座椅上，如座椅配备安全带应确保系紧安全带，使车辆应始终处于可控制状态。

②工作装置操纵杆要准确操作，避免误操作。

图 4-14 抵靠货物

图 4-15 叉起货物

③仔细地察听故障，若出现故障应立即报修，不能修理处于工作状态的零件。

④装载物不可超过其承载能力，进行超过车辆性能的作业极其危险，因此应预先确认装卸物重量，避免过载。

⑤高速冲进，不但使车辆破坏，而且会将货物损坏，非常危险，绝不可试之。

⑥车辆对于装卸物要保持垂直角度，如果从斜方向勉强作业，会使车辆失去平衡而不安全，不可如此作业。

⑦应先行走到装卸物之前，确认周围的状况，再进行作业。

⑧进入狭窄的区域如隧道、天桥、车库等作业之前应先检查场地清理情况。

⑨大风天气装载物料应顺风操作。

⑩提升到最高时的作业务必慎重进行，使工作装置提升到最高的装货作业，可能使车辆不安全，故此车辆的移动要缓慢，叉具的前倾应慎重进行。

⑪当进行卡车或斗车装载时，应注意防止叉具撞击卡车或斗车，叉具下不能站人且不能将叉具置于卡车驾驶室上方。

⑫在倒车前应仔细清楚地观察车后方。

⑬因烟、雾、扬尘等降低能见度时应停止作业，如果作业现场光线不足，必须安装照明设备。

⑭夜间作业时，应记住以下要点：

• 确信安装了足够的照明设备；

• 确保叉装机上工作灯工作正常；

• 夜间工作非常容易对物体的高度和距离产生错觉；

• 夜间作业时常停机，应观察周围情况和检查车辆，保持警惕。

⑮在过桥梁或其他建筑物之前，应确保其有足够强度使车辆通过。

⑯专用作业以外不可使用车辆。使用工作装置的头端或一部分将装卸手装、抓、拨、推或是利用作业结构牵引等操作，会成为破坏或事故的原因，不应乱用。

3）注意周围：

①作业范围内不准闲人进入。由于作业装置是上升下降，左转右旋及前移后动的，工作装置的周围（下边、前边、后边、里边、两侧面）危险，不准进入，如果无法作业（检查）时，应将工作装置用切实的方法（安全支柱、安全砌块）固定后进行；

②在道崖子或山崖可能崩塌的地方进行作业时，必须施行确保安全的方法，派监视员并听从其指示；

③从高处放掉沙土或岩石时，应充分注意落下地点的安全；

④当装载物被推出悬崖或车辆到达斜坡顶端时，载荷会突然减小，车辆的速度会突然增加，因此一定要减速。

4）在封闭空间作业时要保证通风：

①如果必须要在封闭的或通风很不好的地方操作机器或处理燃油、清洗零件或油漆，需要把门窗打开保证有足够的通风，防止气体中毒，如果打开门窗仍不能提供足够的通风，则安装风扇；

②在封闭空间进行作业时，应先设置灭火器，并且记住其保管地方和使用方法。

5）不要接近危险处。如果将消音器的排出气向易燃物喷射，或将排气管接近易燃物时，容易发生火灾，因此有油脂类、原棉、纸张、枯草、化学制品等危险物或是易于燃烧的物品的地方，要特别注意。

6）不要靠近高压电缆。不能让机器触到架空的电缆，即使是靠近高压电缆也能引起电击，在机器和电缆之间应保持表4-4所示的安全距离。

表4-4　装载机与电缆安全距离

	电压/V	最小安全距离/m（ft）
低压	100~200	2（7）
	6600	2（7）
高压	22000	3（10）
	66000	4（14）
	154000	5（17）
	187000	6（20）
	275000	7（23）
	500000	11（36）

为防止发生事故，请做好以下各项工作：

①当机器在工地上存在可能触到电缆的危险时，应在作业开始之前向电力公司咨询，检查依据现行的有关法规所确定的行动是否可行；

②穿上橡胶靴，戴上橡胶手套，在操作人员座椅上放一块橡胶垫，并注意不要让身体的任何暴露部分触到金属底盘；

③指定一个信号员，如果机器太靠近电缆则发出警告信号；

④如果工作装置触到电缆，操作人员不要离开驾驶室；

⑤在高压电缆附近作业时，不能让任何人靠近机器；

⑥在作业开始之前向电力公司查询电缆的电压。

（6）安全停车：

1）机器的停放位置要尽可能选择平坦的地面，并把工作装置降到地面上。

2）不要在斜坡上停车，如果确实需要停放，斜坡坡度必须小于1/5，同时应把楔块放在车轮下，防止机器移动，然后把工作装置降到地面上。

3）当车子发生故障或需要在交通拥挤的地方停车时，设置围栏、信号、旗子或警示灯，并放置其他必要的信号保证过往的车辆能够看清楚该机器，并且要使机器、围栏、旗子不妨碍交通。

4）停车时要把车上的物料卸掉，把叉具完全降至地面，用锁紧装置将操纵杆锁紧，关闭发动机，把停车制动开关拉起，将其置于制动位置，用钥匙把所有的设备锁好，将钥匙取下。下车时，面对车子缓慢爬下，一定要保证身体三点接触扶手和爬梯，禁止跳下。

5）绝不允许在车辆处于运输状态时上车。

（7）寒冷地区的注意事项：

1）作业完成之后，把粘在电线、电线插接头、开关、传感器及这些零件的覆盖件上面的水、雪或淤泥全部清除掉，如果不将这些东西清除，它们中间的水分会结冰，下次使用时将会使机器失灵，可能造成意想不到的故障；

2）要彻底进行预热作业，在开始操作操纵杆之前，如果机器没有彻底预热，机器的反应将迟缓，这可能造成意想不到的事故；

3）操作各操纵杆让液压系统里的液压油进行循环（将系统压力上升到系统设定压力，再把压力释放，把油放回液压油箱），对液压油加温，这能保证机器有良好的反应并防止失灵；

4）如果蓄电池的电解液已经结冰，不要对蓄电池充电，也不要用别的电源来启动发动机，这样做是危险的，会使蓄电池着火；

5）当进行充电或用别的电源来启动发动机时，在启动之前要把蓄电池的电解液溶化，并检查是否有泄漏。

二、内燃叉车

（一）功能及使用范围

叉车在物资装卸载过程中扮演着非常重要的角色，广泛应用于车站、港口、机场、工厂、仓库等地方，是机械化装卸、堆垛和短距离运输的高效设备。

叉车的主要优点如下：

一是集装卸和搬运为一体，减少了物流操作环境，提高了劳动效率，托盘叉车作业与人员散箱搬运相比，工效提高近100倍；

二是实现装卸机械化，减轻劳动强度，节省劳动力，缩短装卸搬运时间，从而加快运输车辆的周转；

三是增加货物堆垛高度，增加仓间容积利用率；

四是室内室外都能使用，转弯半径小，操作灵活。

下面以运载量为3t的CPCD30为例介绍内燃叉车的功能、用途和特点。

1. 用途

采用柴油发动机作为动力，载荷能力为3t，作业通道宽度一般不少于2.12m，通常用在室外、车间或其他对尾气排放和噪声没有特殊要求的场所，可实现长时间的连续作业，而且可以在恶劣的环境下（如雨天）工作。

2. 功能

叉车的基本作业功能分为水平搬运、堆垛（取货）、装货（卸货）、拣选。根据使用单位所要达到的作业功能可以初步确定，另外，特殊的作业功能会影响到叉车的具体配置。

（二）技术性能

内燃平衡重式叉车主要参数见表 4-5。

表 4-5　内燃平衡重式叉车主要参数

序号	参 数 名 称	单位	CPCD30
1	额定起重量	kg	3000
2	载荷中心	mm	500
3	最大起升高度	mm	3000
4	自由起升高度	mm	145
5	门架倾角（前倾/后倾）	(°)	6/12
6	最大起升速度（空载）	mm/s	520
	最大起升速度（满载）	mm/s	470
7	最大行驶速度（前进/后退）	km/h	20/19.5
8	最大下降速度（空载/满载）	mm/s	520/550
9	最大牵引力（无载/满载）	kN	1038/1246
10	最大爬坡度（满载）	%	15
11	最小转弯半径	mm	2420
12	最小直角通道宽度	mm	2120
13	自重	kg	4350
14	长度（有货叉/无货叉）	mm	3790/2795
15	宽度（轮宽/车架宽）	mm	1230/1150
16	门架落地高度	mm	2055
	护顶架高度	mm	2085
	最大起升时高度（不带挡护架）	mm	3760
	最大起升时高度（带挡护架）	mm	4256
17	离地间隙（门架下端）	mm	110
	离地间隙（车架中部）	mm	115
	离地间隙（平衡重下端）	mm	145
18	轴距	mm	1700
19	轮距（前轮）	mm	1000
	轮距（后轮）	mm	970
20	前悬距	mm	485
	后悬距	mm	535
21	司机座至护顶架内测高度	mm	1005

序号	参 数 名 称	单位	CPCD30
22	变速箱速比（前进/后退）		17.4972/17.4972
23	发动机（型号）		新昌 490BPG 型
	发动机（型式）		4-90×100
	发动机额定功率/额定转速	kW/r·min^{-1}	37/2650
	发动机最大扭矩/转速	N·m/r·min^{-1}	148/2000
24	液力变矩器型号		YJH265
25	液力变矩器最高效率		≥0.79
26	纵向稳定性系数		1.50
27	齿轮泵型号		CBH-F430-ALHL
	齿轮泵额定压力	MPa	20
	齿轮泵排量	mL/r	32
28	驱动桥（满载）	kg	6480
	驱动桥（空载）	kg	1850
29	转向桥（满载）	kg	930
	转向桥（空载）	kg	2560
30	驱动轮（规格）		28×9-15-12PR
	驱动轮（气压）	Pa	7×10^5
31	转向轮（规格）		6.50-10-10PR
	转向轮（气压）	Pa	7×10^5
32	货叉（长×宽×高）	mm×mm×mm	1070×125×45

（三）操作使用

1. 安全操作要求

（1）人员安全：

1）驾驶叉车的人员必须经过专业培训，通过安全生产监督部门的考核，取得特种操作证，并经公司同意后方能驾驶，严禁无证操作；

2）注意穿着安全，禁止穿拖鞋或者安全鞋当拖鞋穿；

3）严禁酒后驾驶，行驶中不得饮食、闲谈、打电话和使用对讲机；

4）行驶中请务必注意力集中。

（2）车辆启动：

1）车辆启动前，检查启动、音响信号、电瓶电路、运转、制动性能、货叉、轮胎，使之处于完好状态。每日出车前，应做好如下检查：

①轮胎是否良好，气压是否足够；

②喇叭是否良好；

③刹车制动器及泊车制动器是否正常；

④润滑油或液压油是否充足，电瓶充电状况如何；

⑤升降系统、附属系统和制动系统准确运行无误；

⑥驾驶座位前后，高度和靠背是否合适；

⑦篷顶是否良好，是否具备防止坠物的功能；

⑧前后灯、转向灯是否完好；

⑨后视镜是否完好，是否清洁；

⑩铲叉或配件有无明显磨损及损坏情况。

2）当有机械问题不能自己进行修理的时候，应关掉叉车并告知修理人员。

3）启动前要熟悉作业场所和作业环境，起步时要查看周围有无人员和障碍物，然后鸣号起步。

4）叉车在载物起步时，驾驶员应先确认所载货物平稳可靠，起步时须缓慢平稳起步。

（3）车辆行驶：

1）叉车在运行时，不准任何人上下车，货叉上严禁站人；

2）在作业内行驶速度不得超过5km/h；

3）空载时货叉距地面至少300mm，载货行驶时货件离地高度不得大于500mm，起升门架须后倾到限；

4）如遇前面有人，应当按喇叭提示该车的行车路线；

5）应与其他叉车保持三台自身叉车长的安全距离，叉车会车时除外；

6）在交叉、转弯或狭窄路口，应小心慢行，并按喇叭随时准备停车；

7）进出作业现场或行驶途中，要注意上空有无障碍物刮撞；

8）非紧急情况下，不能急转弯和急刹车；

9）在斜坡上空车行驶，需要倒退上坡，货叉向前行驶下坡，这样重心会落在前轮上；

10）在斜坡上载货行驶，需要货叉向前行驶上坡，倒退行驶下坡，这样重心会落在前轮上，任何情况下都不允许在斜坡上掉头；

11）叉车原则上不准超车，如果要超越停驶车辆时，应减速鸣号，注意观察，防止该车突然起步或有人从车上跳下；

12）转向时要特别注意叉车为后轮转向。

（4）作业：

1）严禁超载、偏载作业；

2）作业速度要缓慢，严禁冲击性地装载货物，严禁惯性流放作业；

3）不准将货物升高做长距离行驶（高度大于500mm），特殊情况除外；

4）不准用货叉带人作业，货叉举起后货叉下严禁站人；

5）不准用单货叉作业；

6）停车后禁止将货物悬于空中，卸货后应先降货叉至正常的行驶位置后再行驶；

7）叉车所载物品不得遮挡驾驶员视线，如出现遮挡驾驶员视线时应倒车缓慢行驶，如遇上坡则不应倒车行驶，应有一人在旁指挥货叉朝上前进；

8）叉载物品时，货物重量应平均分担在两货叉上，货物不得偏斜，物品的一面应贴靠挡货架，小件货物应放入集物设备内，防止掉落；

9）货叉在接近或撤离物品时，车速应缓慢平稳，注意车轮不要碾压物品、垫木（货盘）和叉头，不要刮碰物品扶持人员；

10）叉车在起重升降或行驶时，禁止任何人员站在货叉上把持物件或起平衡作用，叉车叉物升降时，货叉范围半径1米内禁止有人；

11）为了保护驾驶人员，叉车装备有头顶保护装置，驾驶人员的身体包括手和脚都应该在保护范围之内；

12）在黑暗处操作时打开操作灯；

13）调节货叉宽度适应托盘的定位；

14）不要以为任何地区的地板都有足够的强度来支撑叉车的装载或者空载的叉车。

（5）停车：

1）尽量避免停在斜坡上，如不可避免，则应取其他可靠物件塞住车轮拉紧手刹并熄火，停放时应将货叉降到最低位置，拉紧后刹车，切断电路，不能停放在纵坡坡度大于5%的路段上；

2）不能将叉车停在紧急通道、出入口、消防设施旁；

3）离开叉车前，完全降下货叉，拉紧手制动，取下电门开关钥匙，如果条件限制不得已将叉车停放在斜坡上，必须堵住车轮。

2. 注意事项

（1）维护保养：

1）发现叉车有不正常现象，应当立即停车检查；

2）严禁在叉车启动的情况下进行维修、装拆零部件，不能自行维修叉车和装拆零部件；

3）叉车加油或者检查蓄电池时，必须关掉发动机和电源，不许吸烟或者有明火。

（2）意外防护：

1）如遇到意外，应该做到：

①紧扶方向盘或操作手柄，并抓紧方向盘或操作手柄；

②身体靠在叉车倾倒方向的反面；

③注意防止损伤头部或胸部，叉车翻车时千万不能跳车。

2）如果叉车开始倾斜，不要跳离叉车，应该双手抓紧方向盘，撑开双腿，将身体倾向倾斜的反方向，始终坐在座椅上，避免被压在叉车和地板之间。

第六节　工程机械航空运输环境

航空运输环境主要包括航空运输过程中的机械环境、气候环境、化学活性物质条件、机械活性物质条件和生物环境条件等。

一、机械环境

在运输条件中，最重要的是机械环境条件，在机械环境条件中，最重要的是振动和冲击条件。

振动是运输中的主要环境，它是由多种振源引起的。在航空运输中，当采用喷气式飞机运输时，经受的宽带随机振动，是由飞机的起飞、着落、滑跑时对飞机的激励、发动机振动、发动机喷气噪声及气流激振等因素产生的。当采用螺旋桨飞机运输时，其振动由宽带随机叠加窄带随机组成，宽带随机振动的起因与喷气式飞机相似，尖峰形式的窄带随机是由螺旋桨叶带动的旋转压力场引起的，振动发生在运输工具相互垂直的 3 个方向上，并且在 3 个方向上振动谱图和量值均不相同，通常垂向最大，横向和纵向较小，其中，螺旋桨运输机的振动为宽带随机加窄带随机振动，频率范围为 10~2000Hz，喷气式运输机的振动为宽带随机振动，航空运输过程中振动的量值和加速度谱密度谱图可参照相关的标准。

冲击可分为运输过程中的冲击和装卸过程中的冲击两类，装卸冲击比运输冲击更严酷，运输过程中的冲击用冲击响应谱来描述，冲击响应谱近似于后峰锯齿形脉冲的响应谱，分为 Ⅰ、Ⅱ、Ⅲ 三类。航空运输中采用 Ⅰ 类冲击响应谱，其峰值加速度为 $100m/s^2$，交越频率为 40Hz，冲击脉冲持续时间为 10~11ms。航空运输过程中的冲击响应谱可参照相关的标准。

工程机械在装卸过程中受到的冲击量值的大小取决于多种因素。首先取决于工程机械的重量、尺寸和形状，重量较轻、尺寸较小的物资承受较大的装卸冲击，即较高的跌落高度，统计表明，当物资的重量由 2kg 增加到 60kg 时，跌落高度大致从 600mm 线性下降到 260mm，物资经受较高高度跌落的风险小于较低高度跌落的风险，物资的跌落高度也随物资本身高度的增加而减小；其次，物资所受的装卸载冲击的大小与装卸的设备条件和人员有关，由人用手搬、背驮、肩扛等直接装卸时的跌落高度最高，装卸冲击最大，当人用简单的非机动机械，如平板车、手推车等装卸时，跌落高度稍低，装卸冲击较小；当用自动机械或机械装卸时，装卸冲击最小。装卸冲击主要用跌落高度来描述，高度增加，冲击加大，跌落姿态不同，冲击大小也不同，在同样高度条件下，面跌落的冲击最大、棱跌落次之、角跌落最小。冲击大小还与地面状况有关，在混凝土地面上的冲击大于在泥土上的冲击。无论是人工装卸还是机械装卸，都是由人工来操纵控制的，因此装卸冲击的大小与人有关，制定合理的装卸操作堆积可以降低物资所受的冲击。

二、气候环境

气候环境条件应根据我国范围内可能遇到的气候情况及运输工具内的微气候情况确定。

低温：航空运输低温为-50℃；

高温：各种运输方式封闭舱室内的高温为70℃；

湿热：以相对湿度到达95%时的温度来表示，航空运输为30℃；

低气压：航空运输海拔高度为10000m以下，非密封舱气压为25kPa；

太阳辐射：海拔在3000m以下地区为1120W/m²；海拔在3000~5000m地区为1180W/m²；海拔在5000m以上地区为1250W/m²。

三、生物环境

对工程机械运输有影响的生物主要包括微生物、啮齿动物和白蚁等，微生物主要指霉菌。霉菌广泛存在于空气、水、土壤、植物、动物和腐朽生物体中，是影响物资的最重要的一种微生物，其中危害性最大的主要有曲霉、青霉、木霉、芽枝霉和镰刀菌等约30个菌种。霉菌能分解不抗霉的材料，导致材料物理性能破坏，霉菌的代谢产物有机酸能腐蚀金属、蚀刻玻璃、使塑料和其他材料发暗或腐蚀，霉菌的菌丝能产生不希望的导电通路、破坏电路工作，还能破坏光学玻璃的光学性能，并能使表面吸湿，破坏绝缘。

啮齿动物中，老鼠对物资能造成很大的危害，它啃坏包装、损坏物资、传播细菌、污染食物，白蚁也能破坏包装箱，咬坏电缆、塑料及其他器材。

除时间短的航空运输可不考虑霉菌的影响外，远程铁路运输、远洋水路运输和长途汽车运输均应采取适当的防霉措施和防止啮齿动物侵入的措施，在湿热和亚热地区要采取适当措施防止白蚁损坏运输中的物资。

第七节　航空运输性要求

工程机械运输性要求是指为提高工程机械通过预定运输方式进行运输的固有能力，从而使之达到快速机动的目的，而在工程机械的研制、改进或采购过程中必须满足的适应特定运输条件的技术要求，主要用于规范和控制装备在研制、改进或采购过程中的运输性。从运输性研究角度来看，航空运输条件主要包括航空基础设施、航空载运工具和航空运输环境，是影响和制约工程机械航空运输性的基本因素，航空运输性要求分析的主要任务是从航空运输设施、航空载运工具和航空运输环境入手，分析其对工程机械航空运输全过程所产生的限制条件和技术要求，为工程机械航空运输性设计提供理论指导。

一、车辆装备运输性的一般要求

(一) 设计要求

工程机械的运输性设计，应符合下列要求：

(1) 适应预定载运工具的技术条件，主要包括外形尺寸、质量和固定方式等；

(2) 适应交通基础设施的技术条件，主要包括运输限界、线路条件等；

(3) 适应装卸搬运机械的技术条件；

(4) 非包装运输的装备应设置吊装和固定的专用装置，并符合吊装与固定装置的要求；

(5) 非包装运输的工程机械一般应整体运输，因运输超限确需拆分时，应充分考虑拆分与复原作业时间和安全简便；

(二) 试验与评价

工程机械的运输性试验与评价应结合装备的设计定型试验进行。一般包括铁路、公路、水路和航空运输性试验，试验内容应根据装备类型和拟定的运输方式选取，主要试验项目如下。

1. 装卸载试验

主要包括吊装试验、吊具顶向冲击试验、跌落试验、举升试验、叉装试验、皮带输送试验、人力装卸搬运试验、堆码布放试验、固定试验、滚装对站台、码头及载运工具适应性试验等。

2. 运行试验

主要包括限界尺寸通过性测定、运输稳定性试验（冲击、振动等）、固定状态测定、运输过载试验、电气化铁路电磁兼容性试验等。

(三) 技术文件要求

在工程机械研制过程中，应把有关运输性的内容写入技术文件中，在定型（鉴定）时应提交《运输性报告》，其主要内容包括：

(1) 预定的运输和装卸方式；

(2) 工程机械的长宽高尺寸，质心位置，吊装点与固定点位置、数量及其允许荷载值；

(3) 装载方案（包括在载运工具上的装载布置及固定方法图文说明、需拆分运输的工程机械、应明确所有分组部分的装载方案等）；

（4）总质量（空载、满载）及最大单位接地压力；

（5）装卸所需的特殊保障条件；

（6）工程机械需通过拆分运输时，应说明拆分与复原时间和保障条件；

（7）运输环境条件要求；

（8）防护要求；

（9）轮式工程机械应提供轴荷（空载和满载）、车轮数量、轴距、轮距、接近角和离去角、转弯直径、最大爬坡度和纵向通过角等数据，履带式工程机械还应提供履带接地长度、宽度及间距、履带数量和最大爬坡度等数据。

（四）运输性标志

在工程机械吊装点及固定点附近的适当位置，应有显示吊装点、固定点的标志，必要时，在工程机械的明显处，应设置表示运输性特征或参数的标志。

（五）运输安全性

运输性设计应考虑安全性，并符合《铁路超限货物运输规则》《铁路货物装载加固规则》《机动车安全运行技术条件》《中国民用航空化学物品运输规定》等法规和标准的规定。

二、航空运输性的具体要求

结合其他相关标准，航空运输性的具体要求包括以下方面。

（一）尺寸

拟通过航空运输的工程机械，外廓尺寸应符合运输机舱门、货舱长度等尺寸要求。按 GB/T 16471—1996 规定，利用民航飞机运输时，工程机械外廓尺寸应符合下列要求：通用尺寸（长×宽×高）为 1514mm×1000mm×1400mm；许用尺寸（长×宽×高）为 3175mm×2438mm×1626mm，超出此界限时，作为特殊运输处理。

对于货舱中没有过道的飞机，在顺航向左侧（即货舱门一侧）从机头到机尾应留有应急通道，其净空尺寸（宽×高）不小于 360mm×1830mm 或不小于 760mm×1220mm，工程机械外廓应不占用应急通道净空，对于具有过道的飞机，工程机械外廓亦应不占用过道空间。

（二）重量

工程机械应不大于预定运输机的最大载重量，工程机械接地压力不宜大于飞机地板的许用荷载，一般来说，轮式工程机械轴荷应不大于 2268kg，车轮荷载应不大于 1134kg，超出时应进行运行试验和荷载试验。

（三）装卸

除符合上述质量要求外，拟通过机场装卸设备实施装卸的工程机械，应与机场装卸设备作业能力相匹配；拟通过运输机的吊车或绞车实施装卸的工程机械，应与运输机上配备的吊车、绞车作业能力相匹配；拟通过滚装实施装卸的工程机械，应与运输机跳板的技术参数相匹配；拟通过托盘实施装卸的装备，应与运输机上的滚道装置相匹配。

（四）固定工程机械

应设置相应的固定装置并符合固定装置的规定。

（五）运输环境条件

工程机械应能经受航空运输过程中的机械、气候、化学活性物质、机械活性物质及生物等环境条件产生的影响。

三、吊装与固定装置要求

（一）数量

一般应有四个吊装装置，四个以上（含四个）固定装置或多用途装置。对于需拆分运输的工程机械，每一部分也应符合本条要求，对于稳定支撑点少于四个的工程机械，在保证吊装稳定性的前提下，吊装装置数目可与稳定支撑点数目相同。

（二）位置

吊装装置的布置应能保证吊装时的动态稳定性，吊装与固定装置均应处于工程机械前后部，左右对称，如有可能，高度应高于工程机械质心水平面；若吊装装置低于工程机械质心水平面，相邻装置连接中心的连线应位于以工程机械质心为顶点、以过质心地的垂线为轴线、锥顶角为 120°的锥体空间之外，吊装与固定装置的装置平面应为水平或接近水平，固定装置的布置应保证固定索能在两侧各 90°左右的对称范围内及在水平向 90°的垂直方向范围内连接而无干涉。在进行静吊装试验时，吊索或固定索与工程机械距离应不小于 25mm，如吊索或固定索与工程机械的接触不可避免时，应通过试验或计算分析，确定工程机械各局部及吊索和固定索不产生永久变形或破坏、不干涉工程机械的功能、增加的面积或体积最小、可达性好。

（三）结构形式

吊装装置、固定装置与多用途装置的结构形式一般为环形、半环形和三角形，基本尺寸除应满足强度要求外，还应满足《起重吊钩 第 5 部分：直柄单钩》（GB 10051.5—2010）规定的吊钩操作性要求。

四、工程机械的包装或集装

（一）包装设计

工程机械包装时，应符合相关规定，包装的尺寸、质量、质心等应符合铁路运输、公路运输、水路运输和航空运输的要求。

（二）集装

工程机械外廓尺寸（含包装后）应符合下列集装具规格要求：使用集装箱装运的工程机械，应分别符合《系列 1 集装箱 分类、尺寸和额定质量》（GB/T 1413—2008）、《铁路 1t 通用集装箱技术条件和试验方法》（TB/T 1698—1993）及《铁路 10t 通用集装箱型式尺寸和技术条件》（TB/T 2114—1990）的规定；使用托盘装运的工程机械，应符合《集装袋运输包装尺寸系列》（GB/T 17448—1998）及《集装袋》（GB/T 10454—2000）的规定。

工程机械（含包装）的固定应与集装具内部的固定装置相匹配。

五、工程机械的拆分与复原

受交通设施设备限制而必须拆分运输的工程机械，其拆分复原作业过程应简单、易操作，且应满足"非包装运输的工程机械一般应整体运输，因运输超限确需拆分时，应充分考虑拆分、复原作业时间和安全简便"的要求。

第八节 航空运输装载标准

在组织工程机械航空运输时，只有使用符合装载要求、技术状态良好的飞机并按一定的装载技术标准和要求实施装载，才能保证迅速安全地达成运输目的，该标准对各类装备装载明确了详细的技术要求，可以作为航空运输条件分析的重要依据。

一、工程机械装载技术要求

（一）工程机械自行装载要求

工程机械自行装载前，要搭设好飞机货桥，放下尾撑，并接通飞机上的通风机。装载前，应对所运装备的制动和悬挂系统进行检查，确认技术状态良好；油箱的载油量，不得超过该装备油箱最大容量的1/2；漏燃油、润滑油和特种工作液的工程机械不允许装机。装载时，根据工程机械在飞机货舱中配置的位置，采用直行或倒行装机，轮距为3220mm的履带式工程机械必须直行装机，工程机械之间间距一般不小于300mm。装载时，工程机械应由技术熟练的驾驶员驾驶，以最小速度（一挡）行驶，使工程机械纵向中心线与飞机纵向中心线重合，发现偏差及时调整，确保工程机械平稳进入货舱，以防碰撞飞机。

（二）工程机械牵引装载要求

工程机械牵引装载时，以电动绞车或牵引车为动力，辅以装卸钢索、装卸滑轮、拉紧滑轮、支承辊等附件来实现。利用电动绞车装载不同重量的工程机械时，要根据飞机货舱内的装货示意图标牌进行，并在牵引的工程机械后面放置止动轮挡，随工程机械一起运动，在没有电动绞车或电动绞车不能利用时，可在机外地面利用牵引车代替电动绞车，采用专用牵引钢索对工程机械实施牵引装载。在牵引较重工程机械时，需要在主货桥后加接辅助货桥，减小坡度。

（三）集重工程机械装载要求

对于超过飞机地板承载能力的集重工程机械，应采取分载措施，避免荷载过于集中。集重工程机械装载时，应在工程机械与货舱地板之间放置飞机上配备的分力垫，并与工程机械一起系留固定在地板上，当制式分力垫不够使用时，可用木板或钢板代替，分力垫的重量应计入工程机械的重量之中，以免飞机超载。对于轮式工程机械，可使用飞机上配备的专用分力轮挡，来增加接触面积。

（四）工程机械加固技术要求

轮式、履带式工程机械装载定位后，制动装置应处于制动状态，并将变速器置于初速位置。装载后，应进行系留加固，轮式工程机械应在机组指导下在轮后放置止动轮挡，不系留钢索。对工程机械进行系留加固时，应按规定的系留方式使用飞机上的系留钢索实施，工程机械系留点的数量不应少于4处，相应间隔应均匀。

二、物资装载技术要求

（一）物资包装要求

物资装运前，应根据物资性质、重量、体积、中转次数和飞机装载等条件，选用合适的包装材料与方法，对分散物资进行合并打包，便于装卸。包装材料应坚固、完好、轻便，防止包装破裂、内件漏出散失，防止码垛、摩擦、震荡或气压、气温变化而引起物资损坏或变质，防止伤害人员或污损飞机、设备及其他物品。

（二）物资重量与尺寸限制

利用民航飞机载运时，应符合民航货物运输的有关规定。利用非宽体飞机载运的物资，每件重量不能超过80kg，体积（长×宽×高）不能超过400mm×600mm×1000mm；利用宽体飞机载运的物资，每件重量不能超过250kg，体积（长×宽×高）不能超过1000mm×1000mm×1400mm。

利用货机载运时，其包装尺寸和重量按照便于装卸的原则，根据舱门尺寸、装载设备装载能力加以确定。

（三）物资配载要求

物资装载前，应明确飞机装运物资的种类、数量、名称、重量、体积，列出明细表交给机组。多种物资混装时，应根据单件物资的重量、体积进行合理的搭配，并根据飞机重心位置、地板强度、物资重量、体积和形状确定装机位置，对于性质互斥、运输要求不同的物资，不能混装。

在货舱容积充分利用，飞机载重能力还有剩余的情况下，可利用飞机斜台配载部分物资，但不能超过斜台的承载能力。

（四）物资装载顺序

装载时，应按照大件物品先装到位，小件后装填空；重件物品先装靠近飞机重心，轻件后装置于尾部；形状规整又能抗压的物品先放置底层，零散物品集中装箱后放置上层，最后再系留加固。

（五）物资装载方式

物资及其集装单元，可使用搬运叉车、手推车、机场升降平台或飞机上吊车、绞车、滑道装置等装卸设备和工具装入机舱。

第五章　工程机械水路运输

第一节　水路运输概述

一、水路运输的含义及历史

水路运输是以船舶为主要运输工具，以港口或港站为运输基地，以水域包括海洋、河流和湖泊为运输活动范围的一种运输方式，水运仍是世界上许多国家最重要的运输方式之一。

水路运输是各主要运输方式中兴起时间最早、历史最长的运输方式，其技术经济特征是载重量大、成本低、投资省、灵活性小、连续性差，比较适合负担大宗、低值、笨重和各种散装货物及中长距离运输，其中特别是海运，更适于承担各种外贸货物的进出口运输。

水路运输有着悠久的历史。人类还在石器时代，就以木作舟在水上航行，后来才有了独木舟和船，人类在古代就已利用天然水道从事运输，最早的运输工具是独木舟和排筏，后来出现木船，帆船出现于公元前 4000 年，15—19 世纪是帆船的鼎盛时期。

中国是世界上水路运输发展较早的国家之一。公元前 2500 年就已经制造舟楫，商代有了帆船；公元前 500 年前后中国开始开凿运河，公元前 214 年建成了连接长江和珠江两大水系的灵渠；京杭运河则沟通了钱塘江、长江、淮河、黄河和海河五大水系；唐代对外运输丝绸及其他货物的船舶直达波斯湾和红海之滨，其航线被誉为海上丝绸之路；明代航海家郑和率领巨大船队七下西洋，历经亚洲、非洲 30 多个国家和地区。

1807 年美国人富尔顿把蒸汽机装在"克莱蒙特号"船上，航行在纽约至奥尔巴尼之间，航速达每小时 6.4km，成为第一艘机动船。19 世纪蒸汽机驱动的船舶出现后，水路运输工具产生了飞跃，1872 年我国自制的蒸汽机船开始航行于海上和内河。

当代世界水路运输发达，世界上许多国家拥有自己的商船队，现代商船队中已有种类繁多的各种现代化运输船舶。

中国水路运输发展很快，特别是近 30 多年来，水路客、货运量均增加 16 倍以上，中国的商船已航行于世界上 100 多个国家和地区的 400 多个港口。当前中国已基本形成一个具有相当规模的水运体系，在相当长的历史时期内，中国水路运输对经济、文化发展和对外贸易交流起着十分重要的作用。

二、水路运输的特点

水路运输与其他运输方式相比，具有如下特点。

一是水路运输运载能力大、成本低、能耗少、投资省，是一些国家国内和国际运输的重要方式之一。例如一条密西西比河相当于 10 条铁路，一条莱茵河相当于 20 条铁路，此外，修筑一千米铁路或公路占地超过 3 公顷，而水路运输利用海洋或天然河道，占地很少。在我国的货运量中，水运所占的比重仅次于铁路和公路。

二是受自然条件的限制和影响大，即受海洋与河流的地理分布及其地质、地貌、水文与气象等条件和因素的明显制约与影响，水运航线无法在广大陆地上任意延伸，所以水运要与铁路、公路和管道运输配合，并实行联运。

三是开发利用涉及面较广，如天然河流涉及通航、灌溉、防洪排涝、水力发电、水产养殖及生产与生活用水的来源等，海岸线与海湾涉及建港、农业围垦、海产养殖、临海工业和海洋捕捞等。

三、水路运输的分类

根据航行水运性质，水运分海运和河运两种，它们是以海洋和河流作交通线的。

海运：即海洋运输，是使用船舶等水运工具经海上航道运送货物和旅客的一种运输方式。它具有运量大、成本低等优点，但运输速度慢，且受自然条件影响。

河运：即内河运输，用船舶和其他水运工具，在国内的江、河、湖泊、水库等天然或人工水道运送货物和旅客的一种运输方式。它具有成本低、能耗少、投资省、少占或不占农田等优点，其受自然条件限制较大，速度较慢，连续性差，需要通航吨位较高的船舶，窄的河道要加宽，浅的要挖深，有时还得开挖沟通河流与河流之间的运河，才能为大型内河船舶提供四通八达的航道网。

四、水路运输的形式

水路运输有以下四种形式：

（1）沿海运输。沿海运输是使用船舶通过大陆附近沿海航道运送客货的一种方式，一般使用中、小型船舶。

（2）近海运输。近海运输是使用船舶通过大陆邻近国家海上航道运送客货的一种运输形式，视航程长短可使用中型船舶，也可使用小型船舶。

（3）远洋运输。远洋运输是使用船舶跨越大洋的长途运输形式，主要依靠运量大的大型船舶。

（4）内河运输。内河运输是使用船舶在陆地内的江、河、湖、川等水道进行运输的一种方式，主要使用中、小型船舶。

五、我国水路运输基本情况

水路运输交通设施、水路运输载运工具等要素是决定水路运输能力的基础性因素。近年来，我国水路运输发展迅速，运输保障能力不断加强，为抢险救灾行动运输保障提供了重要的物质基础。

（一）内河航道基本情况

如图 5-1 所示，截至 2020 年年末，全国内河航道通航里程为 12.77 万千米，比上年末增加 387km，等级航道里程为 6.73 万千米，占总里程比重为 52.7%，提高 0.2 个百分点，三级及以上航道里程为 1.44 万千米，占总里程比重为 11.3%，提高 0.4 个百分点。

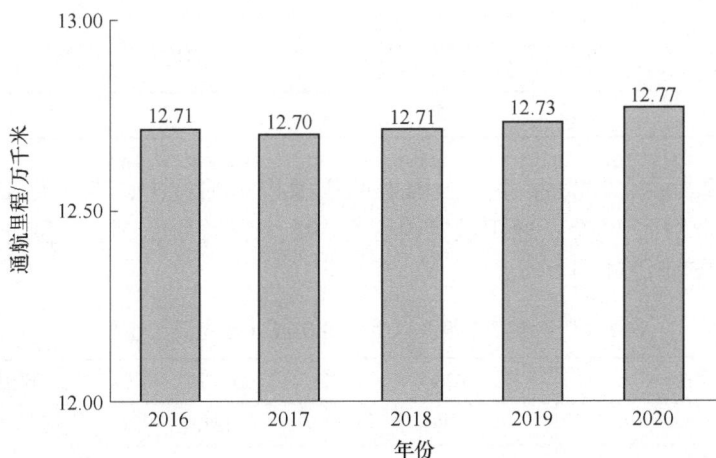

图 5-1　2016~2020 年全国内河航道通航里程

各等级内河航道通航里程分别为：一级航道 1840km，二级航道 4030km，三级航道 8514km，四级航道 11195km，五级航道 7622km，六级航道 17168km，七级航道 16901km，等外航道里程 6.04 万 km。

各水系内河航道通航里程分别为：长江水系 64736km，珠江水系 16775km，黄河水系 3533km，黑龙江水系 8211km，京杭运河 1438km，闽江水系 1973km，淮河水系 17472km。

（二）港口基本情况

2020 年年末全国港口生产用码头泊位有 22142 个，比上年年末减少 751 个。其中，沿海港口生产用码头泊位有 5461 个，减少 101 个；内河港口生产用码头泊位有 16681 个，减少 650 个。

如表 5-1 所示，2020 年年末全国港口万吨级及以上泊位 2592 个，比上年年末增加 72 个。其中，沿海港口万吨级及以上泊位有 2138 个，增加 62 个；内河港口万吨级及以上泊位有 454 个，增加 10 个。

表 5-1　全国港口万吨级及以上泊位数量　　　　　　　　　　（个）

泊位吨级	全国港口	比上年增加	沿海港口	比上年增加	内河港口	比上年增加
合计	2592	72	2138	62	454	10
1 万~3 万吨级（不含 3 万）	865	6	672	2	193	4
3 万~5 万吨级（不含 5 万）	437	16	313	16	124	0
5 万~10 万吨级（不含 10 万）	850	28	725	22	125	6
10 万吨级及以上	440	22	428	22	12	0

如表 5-2 所示，2020 年年末全国万吨级及以上泊位中，专业化泊位有 1371 个，比上年末增加 39 个；通用散货泊位有 592 个，增加 33 个；通用件杂货泊位有 415 个，增加 12 个。

表 5-2　全国万吨级及以上泊位构成（按主要用途分）　　　　（个）

泊位用途	2020 年	2019 年	比上年增加
专业化泊位	1371	1332	39
其中：集装箱泊位	354	352	2
煤炭泊位	265	256	9
金属矿石泊位	85	84	1
原油泊位	87	85	2
成品油泊位	147	143	4
液体化工泊位	239	226	13
散装粮食泊位	39	39	0
通用散货泊位	592	559	33
通用件杂货泊位	415	403	12

（三）水路运输船舶基本情况

如图 5-2 所示，2020 年年末全国拥有水上运输船舶 12.68 万艘，比上年年末下降 3.6%；净载重量为 27060 万吨，增长 5.4%；载客量为 85.99 万客位，下降 2.9%；集装箱箱位为 293.03 万标准箱，增长 30.9%。

图 5-2 2016~2020 年全国水上运输船舶拥有量

（四）水路运输量基本情况

2020 年完成货运量 76.16 亿吨，完成货物周转量 105834.44 亿吨千米。其中，内河货运量 38.15 亿吨、货物周转量 15937.54 亿吨千米；海洋货运量 38.01 亿吨、货物周转量 89896.90 亿吨千米。

如表 5-3 所示，2020 年全国港口完成货物吞吐量 145.50 亿吨，其中，内河港口完成 50.70 亿吨，增长 6.4%；沿海港口完成 94.80 亿吨，增长 3.2%；完成集装箱铁水联运量 687 万 TEU，增长 29.6%。

表 5-3 2020 年全国港口分内外贸及重点货类吞吐量

类 别	计算单位	自年初累计	比上年增长/%
货物吞吐量	亿吨	145.50	4.3
按内外贸分			
外贸	亿吨	44.96	4.0
内贸	亿吨	100.54	4.4
按主要货类分			
其中：煤炭及制品	亿吨	25.56	-2.7

类　　别	计算单位	自年初累计	比上年增长/%
石油、天然气及制品	亿吨	13.10	7.9
金属矿石	亿吨	23.41	5.5
集装箱	亿 TEU	2.64	1.2
内河	亿 TEU	0.30	-0.5
沿海	亿 TEU	2.34	1.5

第二节　水路运输工程机械的布置原则

工程机械在船的甲板上布置，一般以纵向布置为主，但也可以横向布置和任意方向布置，这要根据甲板的情况和划定的跑道而定，但应遵循以下几个原则[7]。

（1）要便于工程机械的进出。在安排工程机械的位置时，要保证工程机械进得去、出得来，这与船的大开门（或跳板）的开启方向有关，大开门可以纵向布置在船的艏艉端，也可以布置在舷侧，是侧向开启的，更可以和船的纵舯剖面方向成某一角度布置，大开门的开启方向和船的纵向方向成某一夹角，因此，在船的甲板上布置工程机械时，应充分考虑这一情况。

（2）在工程机械之间应留有足够的通道，便于船上工作人员进行系固、绑扎的操作，也可以让车上、船上人员自由进出。

（3）工程机械在船的各层甲板上的布置基本原则是按照"先上后下，先中后端，先舯后边"12 个字的安排顺序，也就是说，重型、大型的工程机械优先安排在下甲板，然后再考虑这之上的甲板，轻的小型的工程机械尽量安排在最上层的甲板上，对于大型的且较重的工程机械优先安排在船中段的甲板上，较轻的安排在船的艏段和艉段，同样，重型车辆优先安排在船舯，然后安排在两舷边区域。这样做既是为了降低船重心的高度，利于船舶的稳定性，也为了减少车辆在船上的受力；

（4）在船的甲板上布置工程机械时，先安置大型、重型的工程机械和平板车或拖车，后安排小型工程机械，同时还要考虑工程机械的种类和数量，数量多的工程机械优先安排，数量少的工程机械可以后一些堆装。

一、布置和堆装

在进行工程机械堆装前，应对准备装船的工程机械的各种参数做一个全面的了解，如工程机械的种类、名称、型号、外形尺寸、重量、轮轴的纵向距离和轮胎的横向距离等，然后进行工程机械位置的安排和布置，结合上述的布置原则，进行工程机械在船的甲板上布置的优化设计。在舱内装载拖车和工程机械的组合单元时，必须知道工程机械顶部至甲板的垂向高度，其尺寸不能超过该船甲板之间的层高。

有了工程机械的各种信息资料后，工程机械如何布置、堆放在船的甲板上就很容易了，对于各类工程机械或其组合单元，其纵向之间的距离或前后之间的距离，要考虑船上工作人员的通道或操作间隙，一般不小于400mm，而工程机械横向之间的间距，也应考虑操作人员系固或绑扎的空间和人员行走的方便性，还要考虑一旁车辆的驾驶室门开启的距离，因此，一般不小于600mm。这里要说明的是，工程机械在甲板上布置裕度应大一些，具体情况要具体处理。

二、布置和船体结构

工程机械在船上的布置，堆放的位置和船舶甲板结构密切相关，工程机械的重量是由甲板结构来承受的，因此工程机械布置图对甲板结构的设计很重要，一旦工程机械在甲板上的布置及位置定下来以后，工程机械的总重量、轮轴的纵向位置、轮轴的位置等也都知道了，并且工程机械系固在甲板上的系固点的位置和数量也可根据计算确定，这样工程机械在甲板上的集中载荷便可以确定，可在甲板的适当位置进行适当的加强。

甲板层与层的间距称为甲板层高，工程机械要根据甲板层高、结构的具体情况进行布置，要在甲板允许的范围内进行安排，工程机械轮胎的系固点，尽可能地布置在靠近甲板下的横梁和纵桁上，减少甲板结构的复杂性和减轻甲板结构的重量，并尽量达到与工程机械布置和甲板结构相协调的目标。

第三节　水路运输工程机械的系固

工程机械的系固主要采取以绑扎为主的手段，辅以楔形垫块限制车轮前后滚动和用垂直支撑装置微微抬起车身，减少车轮和甲板的滚动摩擦，这样就使工程机械固定在甲板的某一位置而不产生位移。

一、定义

（1）车辆系固设备。车辆系固设备是指绑扎设备、止轮楔形垫块、垂直支撑装置等设备的总称，该设备专门用作系固车辆，称为车辆系固设备。

（2）最大系固载荷。最大系固载荷是指系固设备的许用载荷，是一个专用术语，对于以系固为目的的安全工作载荷，可以代替最大系固载荷，但前提是安全工作载荷必须等于或大于最大系固载荷。

（3）工程机械绑扎。工程机械绑扎是指用链条、钢丝绳、轻尼龙织物带作为工程机械绑扎设备，一头系在工程机械系固点上，另一头系在甲板系固点上，并用收紧器加以收紧，实施对工程机械的绑扎，产生纵向、横向和垂向绑扎力，用以抵抗工程机械在船上所产生的外力，从而达到固定工程机械的目的。

（4）止轮楔形垫块。止轮楔形垫块是指楔形的垫块（木质楔形垫块或橡胶楔形垫块），用来衬垫在车轮轮胎之下，阻止车轮的前后运动，防止工程机械的前后位移。

（5）垂直支撑装置。垂直支撑装置是指车体垂向支撑设备的总称，如液压油缸、千斤顶、垂向支撑架或搁架，可手动，也可用操纵阀控制，用以把车身略微抬起而离开甲板，达到固定车辆而不产生位移的作用。

（6）绑扎装置。绑扎装置是指绑扎设备组合的总称，该装置是以绑扎链、绑扎钢丝绳或绑扎尼龙织物带为主，配以收紧器、钩子、蘑菇头、卸扣等，一头系在工程机械系固点上，另一头系在甲板系固点上，并用收紧器收紧，此装置或系统称为绑扎装置。

（7）工程机械系固点。工程机械系固点是指安装在车体的强构件上，供绑扎链、钢丝绳或绑扎带上的钩子、卸扣、蘑菇头等固定系牢的节点，该系固点的开孔只能穿过一根绑扎链，或一根钢丝绳，或一根绑扎带，并且该系固点应允许不同方向上的绑扎。

（8）甲板系固点。甲板系固点是指安装在甲板上，供绑扎链、钢丝绳或绑扎带的另一头上的钩子、卸扣、蘑菇头等固定系牢的节点。设计应能使绑扎链、钢丝绳或绑扎带系固在甲板上而不会脱落，其强度至少和链条、钢丝绳或尼龙织物带的强度相一致。

二、对工程机械系固点的要求

（1）工程机械系固点的数量。工程机械每一侧系固点的数量，是根据工程机械的总重量和在船上所处的位置计算来确定的，工程机械左右侧要设置同等数量的系固点，其数量不小于2个而不多于6个，并应符合表5-4的规定。

表5-4 相关参数

工程机械总重量 GVM/t	工程机械一侧系固点最小数量 n/个	工程机械系固点长期不变形最小强度/kN
3.5~20	2	
20~30	3	$GVM\times10\times1.2/n$
30~40	4	

（2）标记。工程机械上的每一个系固点应涂上清楚易见的颜色作为标记，若有可能，标上"VS"的记号。

（3）工程机械系固点的安装。工程机械系固点的安装，应保证将其作用力从绑扎链、绑扎钢丝绳或绑扎尼龙带上传递至工程机械底盘上，绝不能安装在保险杠上或车轴上，除非这些系固点是专门结构，能把力直接传递至工程机械底盘上。

（4）工程机械系固点的位置。工程机械系固点的位置应处在船上工作人员容易进入和安全、方便可绑扎操作的地方，特别应对工程机械上安装侧护围栏的位置予以特别注意，要保证人员操作的可能性。

（5）工程机械系固点的开孔。若工程机械系固点是开孔的，开孔的内径应不小于80mm，但开孔的孔眼可以不一定是圆的。

三、对甲板系固点的要求

（1）甲板系固点的纵向距离。甲板系固点的纵向之间的距离，要根据甲板下的加强情况而定，如横梁的间距或肋距，尽量安放在横梁上或接近于横梁上，但一般不超过2.5mm，在船艏和船艉区域的甲板系固点和纵向距离，可以比船中段的小些。

（2）甲板系固点的横向距离。甲板系固点的横向之间的距离，应结合甲板下纵桁或纵梁的实际情况，不小于2.8mm，但应不必大于3.0mm；然而，在船艏和船艉部位的甲板系固点的横向距离，比船中段系固点的横向距离要小些。

（3）甲板系固点的强度要求。每一个甲板系固点，在不发生永久性变形的情况下，其最大系固载荷MSL应不小于120kN。如设计的甲板系固点可安装1根（如2根、3根、4根和y根）以上的绑扎链，或钢丝绳，或绑扎带等，则最大系固载荷不小于$120y$ kN。

（4）偶尔装载工程机械的甲板系固点。对于偶尔装载工程机械的船舶，甲板系固点的纵向和横向的间距及甲板系固点的强度要作专门的考虑，使车辆达到安全系固的目的。

（5）甲板系固点的形式。甲板系固点的形式要适应绑扎设备的接头，方便且可靠。尽量顾及工程机械的情况，不发生永久性变形。甲板系固点的形式多种多样，有突出式的、埋入式、D令环形式的、眼板式的、波浪式的，其形式和最大系固载荷、破断负荷及参考重量见表5-5。突出式的甲板系固点用得较多，因为它便于安装，D令环形式的甲板系固点也用得较多。

四、工程机械绑扎设备

工程机械绑扎设备是指可以手提的，用于绑扎且可以收紧的设备，如绑扎链、绑扎用钢丝绳、绑扎带等，又如接头（钩子、蘑菇头、卸扣、板眼）、收紧器等都属于绑扎设备，它们是绑扎装置的组成部件。

表 5-5　甲板系固点

草　　图	形式	最大系固载荷 MSL/kN	破断负荷 BL/kN	参考重量 /kg
	突出式（4点）	4×120	4×240	约4.0
	突出式（2点）	2×120	2×240	约3.6
	突出式（4点）	4×120	4×240	约6.5
	突出式（8点）	8×120	8×240	约12.0
	突出式（4点）	4×120	4×240	约17.2

草　　图	形式	最大系固载荷 MSL/kN	破断负荷 BL/kN	参考重量 /kg
	埋入式 (4 点)	4×120	4×240	约 7.8
	埋入式 (4 点)	4×120	4×240	约 8.6
	埋入式 (8 点)	8×120	8×240	约 27.5
	埋入式 (4 点)	4×120	4×240	约 11.5

草　　图	形式	最大系固载荷 MSL/kN	破断负荷 BL/kN	参考重量 /kg
	埋入式 D令环	120	240	约 12.5
	突出式 D令环	2×120	240	约 4.0
	突出式 D令环	2×120	2×240	约 7.0
	埋入式（单点）	120	240	约 8.0

该设备要能够承受拉力，其强度要求在没有永久变形的情况下，最大系固载荷 MSL 至少为 100kN，破断负荷 BL 也至少为 200kN。为什么工程机械系固点和甲板系固点的 MSL 为 120kN、BL 为 240kN，而绑扎设备的最大系固载荷可降至 100kN 呢？这主要考虑到人工的搬运，安装时不能重量太大，从而减轻人员的劳动强度，但降低最大系固载荷可能会增加绑扎设备的数量，在材料允许和工艺许可的条件下，绑扎设备的最大系固载荷应尽量大一些，因此有些国家就规定为 120kN，根据我国的实际情况，绑扎设备的最大系固载荷取 120kN 就足够了。

绑扎设备包括链条、钢丝绳、尼龙绳或锦纶织带，两端的接头件的强度和伸长率都要认真考虑，应达到规范的要求。

（一）钩子、蘑菇头、卸扣和环眼

钩子、蘑菇头、卸扣和环眼等是绑扎设备的接头，是该设备的重要组成部件，因此它必须和工程机械系固点、甲板系固点可靠地连接，在整个航行过程不至脱落，其强度和绑扎链、钢丝绳、绑扎带相等。表 5-6 就是典型的接头图，表明了钩子、蘑菇头、卸扣和凸缘眼环的外形、形式、最大系固载荷、破断负荷和参考重量，可供参考。

表 5-6 绑扎设备截图

草　图	形式	最大系固载荷 MSL/kN	破断负荷 BL/kN	参考重量 /kg
	钩子	100	200	约 2.0
	蘑菇头	100	200	约 0.8

草　图	形式	最大系固载荷 MSL/kN	破断负荷 BL/kN	参考重量 /kg
	卸扣	100	200	约0.9
	凸缘眼环	100	200	约2.8

注：表中的最大系固载荷 MSL 和破断负荷 BL 是最低要求。

（二）收紧器

收紧器是用来收紧绑扎链、钢丝绳、绑扎带的，其强度当然与之相对应。

收紧器对于工程机械绑扎来说是非常重要的，它的作用是使船在整个航行过程中，保持绑扎设备始终处于良好的收紧状态。因此，它的结构要操作方便，又能处于自锁状态而不松动。

收紧器形式是较多的，从操纵的手段来分，可分为手动操作、气动操作和液压操作；从结构形式来分，可分为开式、封闭式和节式等。

表 5-7 给出了典型收紧器的外形草图、形式和相应的参数，在选用时可供参考。

手动杠杆式收紧器是由扳手、链条和钩子组成，它结构简单、价格低廉，是工程机械绑扎常采用的收紧器。它们的材料应满足等强度的要求，如扳手、钩子的强度应与链条的强度一致。

用于收紧尼龙织物带或锦纶织物带的收紧器，是用于轻型工程机械或车辆的绑扎，其最大系固载荷 MSL 一般在 6.6kN 到 26.5kN 之间，受力不大，因此可以把他们用金属板材压制而成。

表 5-7　收紧器

草　图	形式	最大系固载荷 MSL/kN	破断负荷 BL/kN	参考重量 /kg
	手动拉杆式	100	200	约 1.8
	封闭手动	122.5	245	约 7.2
	节式手动	176.5	355	约 15
	封闭气动	100	200	约 11.5

草　图	形式	最大系固载荷 MSL/kN	破断负荷 BL/kN	参考重量 /kg
A=27(带宽) B=230 C=90 D=101 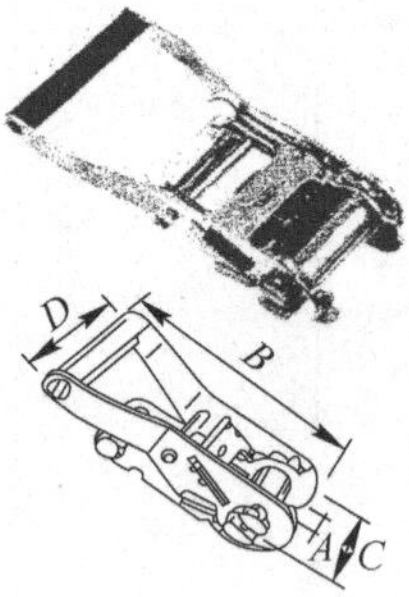	手动止回式	6.6~26.4	20~80	约0.2
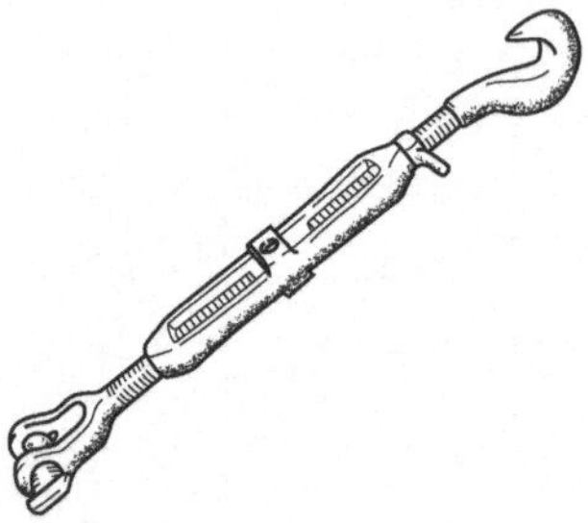	开式手动	100	200	约6.5

其余的收紧器是由本体、一头带插头的螺杆、另一头带钩子的螺杆，或两头带钩子，或两头带叉头的螺杆组成。本体可用船用钢或船用钢管或船用圆钢支撑，但带叉头的螺杆和带钩的螺杆必须用优质的合金锻钢制成，其化学成品和强度、伸长率要符合相关船级社的规范和规则要求。

（三）绑扎链

绑扎链是工程机械绑扎设备中用得最多的一种产品，其优点是联结方便、重量轻、强度高、堆放所占的体积小。绑扎链是高强度的圆截面的环形链条所制成，材料为优质高强度合金钢，如 20MnZ 合金钢，可采用渗碳工艺来增加链条的耐磨性，并采用特殊的防腐处理，表面可采取抛光、浸漆、喷漆、挂塑、热浸锌、电镀处理等。

绑扎链一般采用加长链环，链环的圆截面直径一般为 13mm 或 14mm。环形链的外形尺寸如图 5-3 所示，直径不能太大，否则链条太重，不能人为操作，只要满足最大系固载荷 100~120kN 的要求，链环的直径越小越好。

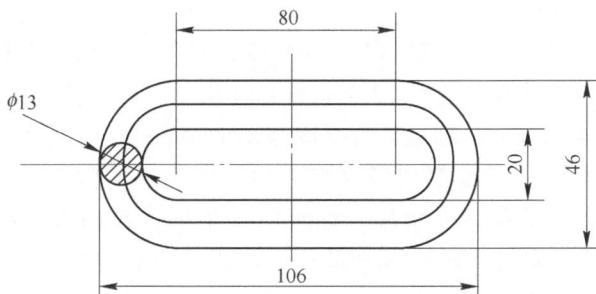

图 5-3 φ13mm×80mm 加长链环

链条可以和钩子、蘑菇头、卸扣和凸缘眼板等组合起来，根据工程机械系固点和甲板系固点的情况，可以是单根链条，可以两端带钩子，可以一端带钩子另一端带蘑菇头，也可以一端带钩子另一端带凸缘眼板等。图 5-4 是链条和接头的组合，可供使用时参考。

图 5-4 链条和接头的组合

（四）绑扎钢丝绳

绑扎钢丝绳也称绑扎钢索，在工程机械绑扎中也是常用的，其优点是单位长度的重量比链条轻，它的缺点是容易磨损，维护保养麻烦，堆放占地较大。

绑扎钢丝绳一般选用起重设备或牵引设备的钢丝绳，如采用《重要用途钢丝绳》（GB/T 8918—2006)6×37+IWR 系列的钢丝绳，其结构为纤维芯钢丝绳，抗拉强度选用 1670MPa 系列的产品，这样钢丝绳的重量适中，比较柔软，有利于操作，也不易疲劳而破坏。

钢丝绳的最大系固载荷 MSL 取 100kN 或 120kN，但要注意的是，如果钢丝绳作一次性使用，其破断符合为 125kN 或 150kN，如果作重复使用，则破断负荷分别为 333kN 和 400kN。在满足最大系固载荷的情况下，选用的钢丝绳直径越小越好，此时选用的抗拉强度系列可提高一些，因为手提的重量是主要矛盾。同样，对绑扎钢丝绳要采取防腐措施，如表面涂牛油，含油量保持在 10%～20%，也可以进行表面镀锌处理，但要注意的是，作镀锌后的钢丝绳，其强度略有所下降，要考虑足够的强度余量。

同绑扎链一样，钢丝绳也可以和钩子、蘑菇头、卸扣和凸缘眼板组合起来，可根据需要进行配置，可以是单独的钢丝绳，也可以是两头带钩的绑扎钢丝绳，还可以一头带钩子，另一头蘑菇头、或卸扣、或凸缘眼板等，如图 5-5 所示。

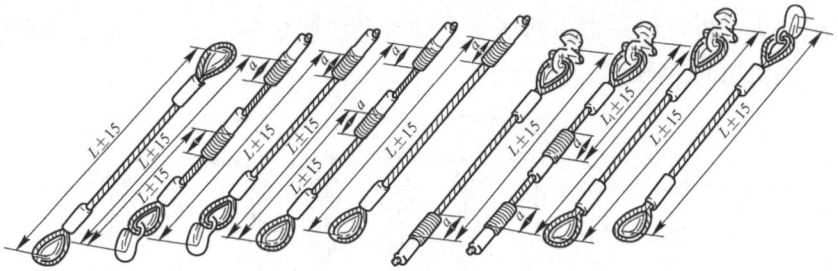

图 5-5　钢丝绳和接头的组合

（五）绑扎带

绑扎带是由尼龙或锦纶编织起来的有一定强度和一定宽度的袋子，优点是重量很轻，便于收藏和操作，但强度不及绑扎链和钢丝绳，目前主要用来绑扎小型或轻型的工程机械和车辆，但是绑扎带或织物绳索用来绑扎工程机械是最理想的绑扎工具。随着科学技术的发展，人造纤维织物的绑扎带强度可以越来越高，因此它是很有发展前景的绑扎件。

绑扎带可以和钩子、蘑菇头、三角形圆环等相结合，根据需要，可以是单独的绑扎带，也可以是两头带钩的绑扎带，还可以是一头带钩另一头带蘑菇头等，如图 5-6 所示。

我国生产的纤维织物绑扎带，破断负荷一般从 20kN 到 80kN，因此，它的最大系固载荷 MSL 可以达到 6.6～26.6kN。

（六）楔形垫块装置

楔形垫块装置有木质楔形垫块和橡胶楔形垫块，用于垫在车轮之下阻止车轮

产品编码	破断载荷/kN	适用带宽/mm	总体长度/m	成套重量/kg
RS1-01	20	25	8	1.45
RS1-02	50	50	8	3.90
RS1-03	80	75	8	18.50

产品编码	破断载荷/kN	适用带宽/mm	总体长度/m	成套重量/kg
RS2-01	20	25	8	1.45
RS2-02	50	50	8	3.90
RS2-03	80	75	8	18.50

产品编码	破断载荷/kN	适用带宽/mm	总体长度/m	成套重量/kg
RS3-01	20	25	8	1.15
RS3-02	50	50	8	3.25
RS3-03	80	75	8	12.5

产品编码	破断载荷/kN	适用带宽/mm	总体长度/m	成套重量/kg
RS4-01	20	25	8	1.15
RS4-02	50	50	8	3.25
RS4-03	80	75	8	12.5

图 5-6　纤维织物绑扎带

的前后滚动，对于工程机械，要在前轴轮和后轴轮垫楔形垫块，并用链条加以连接。目前大多数用橡胶垫块，对于止轮楔形垫块，若用橡胶作为基本材料，则橡胶应有良好的强度和弹性，橡胶楔形垫块还要有良好的耐油性和良好的耐酸等腐蚀的性能。楔形垫块的形式和尺寸是多种多样的，应与工程机械的轮胎相匹配，若一个轮胎下垫前后两个楔形垫块，要用小链条或纤维绳索加以捆绑。楔形垫块也可以用木材、钢材或工程塑料制成，但形状基本相似。

五、工程机械系固的一般原则

工程机械系固在船的甲板上，应遵守以下几个原则：

（1）在船上对工程机械进行系固或绑扎，要保证船上人员的绝对安全，工程机械在船的甲板上安全停放和系固取决于工程机械在船的甲板上的良好布置、合理安排和良好的管理；

（2）承担工程机械装载和系固的工作人员，应有丰富的经验和合格的技术素质，并对船上的重要文件《货物系固手册》的内容非常熟悉且能熟练掌握；

（3）工程机械布置与系固的设计人员和管理人员应具有丰富的实际知识和良好的技术水平，并掌握《货物系固手册》的内容；

（4）所有工程机械系固的操作，必须在船舶离开码头之前进行；

（5）当船舶靠岸时，船舶没有安全系泊在码头之前，不能松开工程机械系固设备；

（6）工程机械系固要根据最恶劣的天气情况和最坏的水况来考虑，这是船长或驾驶员可以预先了解的；

（7）在整个航行过程中，要防止系固的设备或零部件松动，应做定期检查。

工程机械在船上的停放和装载除了考虑上述布置及系固的一般原则和注意事项外，还应遵守以下几点。

（1）根据航行区域、显著的天气状况与船舶的主要特征来装载工程机械，并通过限制工程机械的移动、限制工程机械悬浮装置的自由运动使底盘尽可能保持静态。例如为使工程机械牢牢地系固在甲板上，可以压缩弹簧，还可以在系固工程机械前将底盘升高，或将压缩空气悬浮装置中的空气减少来保持底盘的静态。

（2）考虑到压缩空气悬浮系统可能漏气，因此，如果航程超过 24 小时，应排放每辆装有此类系统的工程机械的空气，如果实际可行，对从事短程航行的工程机械也应排放空气，如果不将空气排放掉，则应将工程机械用垂直支撑装置顶起防止由于航行中该系统漏气造成绑扎设备的松弛。

（3）工程机械如果要使用垂直支撑装置或使用起重器及顶升设备时，底盘的支撑点或支撑区域应予以加强，而且支撑点的位置应清楚标明。

（4）在工程机械系固时，要特别考虑易于遭受附加外力的工程机械的装载位置，当工程机械横向装载时，应特别考虑如此装载可能产生的作用力。

（5）车轮底下应安装楔形垫块装置阻止车轮前后移动，以便在逆境中或在恶劣天气和恶劣水况中提供附加的安全保证。

（6）工程机械柴油机在航行中应脱离传动装置。

（7）工程机械在船上进行装载时，每辆工程机械应使用停车制动器并且要锁住。

第六章　工程机械铁路运输

工程机械铁路运输，是指借助于火车和火车行驶的轨道及其他铁路设施，实现工程机械的空间位移。铁路运输能够承担较大的运量，目前，我国铁路运输的一列物资列车能运送 2000～2500t。其次，铁路运输的运送距离远，现在我国铁路客运的最长营运干线已达 4000km，而货运的距离还要远得多，在各种运输工具中，按要求时间到达目的地，偏差最小、准时率最高的是铁路运输，这对保障工程机械在规定时间内到达灾区具有极为重要的意义。

第一节　铁　路　运　输

一、铁路运输组成

（1）线路。铁路线路是机车、车辆和列车运行的基础，起着承受列车巨大重量、引导列车运行方向等作用。铁路线路是由路基、桥隧建筑物和轨道三大部分组成的一个整体工程结构物、是铁路运输基本设备中的主要组成部分。

（2）机车。机车是牵引列车和调车的基本动力。机车可分为电力机车、内燃机车和蒸汽机车，蒸汽机车因热效率太低、污染环境严重、乘务员劳动强度大等因素已逐渐被淘汰，电力机车和内燃机车是我国铁路的主要牵引动力。

（3）车辆。车辆是车运货物的工具。车辆分为客车和货车两大类，新型客车有 25K 型、25G 型、25T 型等，车内设施比较完善，目前还有大量的旧型车，车内设施老化、陈旧，将逐步更新。

（4）车站。车站是办理旅客和货物运输的基地。车站按业务性质可分为客运站、货运站和客货运站；按技术作业可分为编组站、区段站、中间站；按等级可分为特等、一等、二等、三等、四等、五等站。

（5）信号与通信设备。信号与通信设备是铁路运输的"耳目"，是确保行车安全和提高运输效率的必要手段，目前，我国铁路的信号与通信设备是比较先进的。

除上述五种主要的运输基本设备外，还有供电、供水等设备，为保证铁路运输正常运转，各类设备都有相应的检测维修设备。

二、铁路新型货车

近年来，随着改革开放的不断深入，国民经济的持续发展和科学技术的进步，我国铁路研制了一批新型货车，如浴盆式敞车、加长敞车、集装箱平车、大型凹底平车、行包快运棚车、活顶棚车、新型液化气体罐车、新型检衡车等，以适应各类货物运输的需要。

（1）C76型敞车。C76型敞车由车体、制动装置、车钩缓冲装置、转向架等部分组成，车体为全钢单浴盆无中梁焊接结构，主要由底架、侧墙、端墙、撑杆等部分组成。

（2）NX17B型、NX17BH型、NX17BK型平车-集装箱两用平车。NX17B型、NX17BH型、NX17BK型平车-集装箱两用平车均由车体、制动装置、车钩缓冲装置、转向架组成，车体为平板NX17B。

（3）D15型150t凹底平车。D15型150t凹底平车均由车体、制动装置、车钩缓冲装置、转向架组成，车体为凹型底架。

（4）活顶棚车。活顶棚车由车体、制动装置、车钩缓冲装置和转向架等部件组成，车体由底架、侧墙、端墙、车门、活动车顶、活顶开闭机构等组成。

在运输工程机械时，用得比较多的主要是平车、棚车，常用的平车尺寸见表6-1，棚车尺寸见表6-2。

表6-1　铁路平车的基本尺寸

型号	载重/t	尺寸/mm		车底板距轨面/mm
		长	宽	
N1	30	10370	2750	1165
N2	30	10320	2760	1280
N3	30	10350	2750	1165
N4	40	12420	2770	1175
N5	50	10370	2750	1250
N6	50	12920	2900	1170
N9	60	13300	2770	1260
N16	65	13000	3000	—

表6-2　铁路棚车的基本尺寸

型号	载重/t	容积/m³	尺寸/mm		
			长	宽	高
P_1	30	63	9570	2873	2295
P_2	30	61	9600	2860	2230

型号	载重 /t	容积 /m³	尺寸/mm		
			长	宽	高
P_3	30	63	10310	2690	2230
P_{11}	30	63	9570	2870	2295
P_{13}	60	120	15470	2850	2295
P_{50}	50	100	13020	2850	2700
P_{90}	60	120	15470	2830	2750

三、铁路货场常用起重机

铁路货场内常用的起重机有龙门起重机、汽车起重机，随着集装箱运输的发展，集装箱门式起重机也成为货场内主要的起重设备。

（一）龙门起重机

龙门起重机主要用于铁路货场装卸长大笨重货物和集装箱，配以抓斗还可用于装卸散堆装货物。龙门架具有两条支腿，可沿铺设在地面上的轨道运行，不需要建造高架桥墩，因而建造费用低，不影响货场改扩建，且能充分利用货位，作业范围大，作业方便。另外，龙门起重机还具有构造简单、制造方便、作业效率高、稳定性好等优点。因此龙门起重机是目前铁路货场最主要的装卸机械。

（1）龙门起重机的分类。龙门起重机按用途可分为一般用途起重机、抓斗起重机、集装箱专用门式起重机和其他用途起重机，铁路货场用的主要是一般用途起重机。

（2）龙门起重机的基本组成。龙门起重机主要由机械部分、金属结构和电气设备三部分组成。

（二）集装箱门式起重机

集装箱门式起重机的发展是伴随着集装箱运输的发展而发展的，它是目前铁路集装箱货场应用的一种新型门式起重机。集装箱门式起重机是在龙门起重机的基础上发展起来的一种集装箱专用门式起重机，它的特点是起重量大，跨度大和起升高度（堆码层数）高，小车能够回转一定角度，电控部分实现全变频，能高效、安全装卸各型号集装箱。它是铁路集装箱专用货场或中转站货场进行装卸、搬运和堆码集装箱的专用机械，集装箱门式起重机回转机构可以设在运行小车的下部、上部或吊具上，回转机构设在运行小车下部的集装箱龙门起重机。

四、我国铁路运输的基本情况

截至 2020 年年末我国铁路营业里程为 14.6 万千米，比上年年末增长 5.3%，其中高铁营业里程为 3.8 万千米。铁路复线率为 59.5%，电化率为 72.8%。全国铁路路网密度为 152.3 千米/万千米²，增加 6.8 千米/万千米²，全国拥有铁路机车 2.2 万台，其中内燃机车 0.80 万台、电力机车 1.38 万台，拥有铁路客车 7.6 万辆，其中动车组 3918 标准组、31340 辆，拥有铁路货车 91.2 万辆。

第二节　工程机械铁路运输的装卸要求

装、卸载是指将物资装上、卸下运输工具的行动，它是铁路运输现场工作的主要内容，又是铁路运输组织工作的重要环节。装、卸载工作质量的好坏，对完成工程机械运输任务、及时支援抢险救灾有着重要意义。

工程机械种类繁多，规格、尺寸不一，要求不同，装载标准各异，各种工程机械的装载标准要依据铁路车辆的长、宽、高、载重、容积、有效面积及构造等技术性能来设定。

一、装载基本要求

安全、迅速、满载、正确地组织装载，可以防止机械运输事故的发生，保证工程机械的完整，有效地利用货车的平车、棚车尺寸，做到合理装载。

（1）既要充分利用货车的载重量和容积，又不得超过货车的容许载重量；

（2）货物装载高度和宽度，不得超过机车车辆限界或特定车段装载限界；

（3）装车后，应根据所装货物的性质，按《铁路货物装载加网规则》的规定，进行加固与捆绑；

（4）使用平车装载工程机械时，以质量良好的货车篷布遮盖，并用绳索捆绑牢固；

（5）使用棚车装载时，机械应与车门保持 300mm 距离，以防挤位车门。

二、装载注意事项

工程机械装载定位后，要挂挡、制动，要用三角木、方木止轮，并用扒钉固定，还要经常检查，防止松动。装载前检查站台（特别是临时搭设的站台）的坚固情况，应特别注意前面单位使用后站台坚固状况的变化，检查平车，车型是否合乎要求，车底板是否完好，并固定平车；装载时组织者要按规定顺序指挥工人进行装载，为保障顺利按时完成装载，应认真检查，及时发现问题予以纠正，工程机械进到位置后要迅速进行固定和伪装，吊具的高低及机械内外随品均应固定牢靠；装载后及时清理现场，集中剩余器材。

第三节　工程机械铁路运输的装载标准及方式

一、装备装载标准

（一）一般要求

充分利用铁路车辆的有效使用面积、载重和空间，保证行车安全和工程机械完整，便于装卸作业。

（二）确定因素

（1）铁路车辆和技术性能。主要包括长、宽、载重、有效面积和构造。
（2）工程机械的技术要求。主要包括长、宽、高、重量及是否可拆卸。

（三）确定方法

确定工程机械的装载标准时，首先确定装备的外部尺寸（主要是长、宽、高）及重量，然后依据铁路车辆有关技术参数，结合装载方法、技术，确定装载标准。

1. 依据长度确定

（1）当用一辆平车装载两件以上工程机械时，可按下式计算（单位：mm）：

1）工程机械能部分重叠时，工程机械长度之和-重叠长度≤平车长度+600；

2）工程机械不能重叠时，工程机械长度之和+间隔距离之和≤平车长度+600。

（2）当多辆工程机械连续跨装且跨装工程机械轴距允许时，可按下式计算（单位：mm）：

$$工程机械长度之和 + （平车数 - 1）\times 350 + （工程机械数 -$$
$$跨装工程机械数 - 1）\times 100 \leqslant 平车长度之和 + （平车数 - 1）\times 930 + 600$$

$$(6\text{-}1)$$

2. 依据宽度确定

装备装载时不仅要考虑平车的长度，同时也要考虑平车的宽度。

以上是确定技术装备装载标准的一般方法，在利用装备的长、宽、高、重量等因素确定装载标准时，不但要考虑其中某一项、两项起决定性作用的因素，还要统筹考虑所有因素，综合衡量。

二、装载形式

平车装载工程机械有顺装、横装、跨装、爬装、混装五种。装载时，须将工程机械的纵中心线（对称线）与平车的中心线重合，横向偏差，轮胎式不得超过100mm，履带式不得超过50mm。

（1）顺装。同一平车上平装的机械、车辆前后间距一般不得少于100mm，当其超出平车两端边缘时，每端不得超过300mm，如图6-1所示。

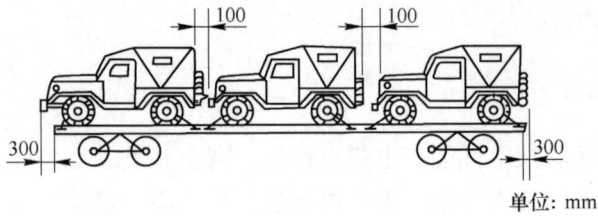

单位：mm

图6-1　顺装

（2）横装。横装的机械、车辆，其车头方向应逐个交错，台与台的间隔不得少于50mm，如图6-2所示。

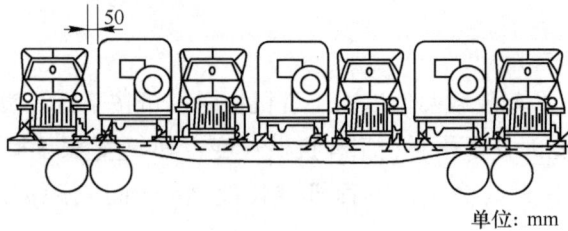

单位：mm

图6-2　横装

（3）跨装。跨装在两辆平车上的机械前端与前一辆机械尾端间距不得少于350mm（不捆绑时不得少于450mm），如图6-3所示，跨装的两辆平车车钩的提钩杆用铁丝捆牢。

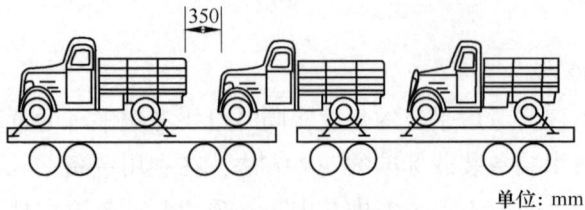

单位：mm

图6-3　跨装

（4）爬装。车辆爬装时，第二辆车的排气管与第一辆车厢底板距离不得少于 50mm，跨在两平车之间的车辆前端与前一辆车前端板距离不得少于 300mm，其余不得少于 50mm，如图 6-4 所示。机械（包括无车厢板的车辆）爬装时除按前项有关规定外，应将第二部机械及其余各部机械的前轮依次放在前部机械的后轮上。爬装的机械、车辆超出平车两端边缘时，每端不得超过 300mm。

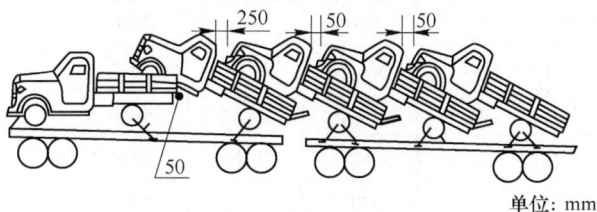

单位：mm

图 6-4　爬装

（5）跨装、爬装机械，除跨江轮渡时连续跨、爬不得超过 5 辆外，一般连续跨，爬辆数不限，但不宜过多，以免铁路车辆发生故障需要解结时增加停留时间。具体装载标准见表 6-3。

表 6-3　铁路平车装载工程机械标准

名　称		质量/t	外形尺寸/mm			装载平车/台		
			长	宽	高	30t	40t	60t
履带式推土机	山推 SD90-C5 RS	10.6	11500	5265	4590	1		
	中联重科 ZD160-3	16.4	5050	3420	2783		2	2
	柳工 B160	17	5023	2390	3200		2	2
	徐工 DT1408	17.8	6320	3762	3114		2	2
	洛阳 TS100L-3	10.7	4400	3200	3100		2	2
轮式推土机	山推 SDW24	18.2	6870	3500	3510	1		
	徐工 DL210G	17	7357	3354	3485	1		
	临工重机 DW240	18.22	6870	3500	3510		2	2
	卡特 844K	7.9	5240	4600	3862	1		
履带式挖掘机	厦工 XG822FL	21.5	9580	2990	2990			1
	中联重科 ZE75E-10	7.5	6149	2346	2650	1	2	
	沃尔沃 EC210D	22.8	6730	2800	2850		1	
	玉柴 YC150-9	14	7784	2644	2853	1	1	
	柳工 906D	5.9	5900	1900	2630	1	2	2

名　称		质量/t	外形尺寸/mm			装载平车/台		
			长	宽	高	30t	40t	60t
轮式挖掘机	三一重工 SY65W	5.9	5928	1978	2884	1	2	2
	斗山 DX60W-9C	5.6	6120	1905	2868	1	2	2
	徐工 XE60W	5.9	6170	2300	3020	1	2	
	山东临工 E7150F	13.1	7479	2496	3058	1		
铲运机	卡特 637G	51.1	14565	3938	4286			1
	北方重工 TS14G	21.7	12400	3440	3810		1	
	临工重机 UL70E	7	8790	2290	2200	1	2	
	泰安现代 XDCY-2	12.06	7140	1770	2040	1	2	
装载机	柳工 CLG856H	17.8	8348	2970	3500	1		
	厦工 XG958N	17.2	8280	3000	3450	1		
	山东临工 L916	5	5660	2084	2925	2		
	斗山 DL503N-9C	17	8090	2992	3470	1	1	
起重机	三一重工 STC250C5-1	34	13000	2550	3590			1
	徐工 XCT16-1	23.3	12060	2500	3360		1	
	雷萨重机 FTC55X5	44	14450	2800	3850			2(跨装)
	中联重科 RT35	32	11840	2980	3600			
	山河智能 SWRT25J	27.5	9175	2495	3440		2	

三、装载实施

实施装载时，应按先难后易，先重后轻，先机械后物资的顺序进行，尽量缩短装载时间，列车梯队的装载应便于列车分解和工程机械的倒运、卸载。装载时，由于使用的站台不同，其指挥方法与驾驶要领也不同。

利用顶端站台装载时，待装载工程机械在站台下应调整好方向，对准站台。机械从上站台起，每车要有专人指挥，人与机械的距离，通常白天为 10~15m，夜间为 5~7m，指挥员的指挥动作要准确、果断，同时要特别注意观察机械行进中的左右偏差和通过渡板时的轮位状态，发现偏差及时调整。驾驶动作要稳，尤其驶上临时站台时，要慢速行驶，做到不换挡，不在站台上停车，驶上平车后，机械之间一般应保持 10~15m 距离，缓缓行至停车位置。

利用侧面站台装载时，其指挥方法与驾驶要领，与顶端站台装载基本相同，不同的是要根据机械的长度、站台宽度和装载地点的宽窄来确定上车的最迟转向时机，这是侧面站台装载的关键问题。当机械前端距平车内侧边沿约 3m 时，应打方向 30°～45°，低速开上平车，但由于各种机械转弯半径不一样，所以最迟转向时机也不完全一样。

四、特殊条件下的装载

特殊条件下的装载主要是指夜晚无照明、雨雪冰冻条件下的装载，这要比正常条件下的装载困难得多，因而实施装载时，务必充分准备、严密组织。

（一）夜晚无照明条件下的装载

1. 装载前准备

（1）组织有关人员首先要勘察装载地域，熟悉道路、站台、工程机械等情况，做到心中有数；

（2）对装载场地和进出通路进行清理和平整；

（3）制定安全保障措施，指定安全观察员，明确具体任务和分工，规定统一信号；

（4）准备必要的器材，如白灰、白手套、手电筒、工作灯等。

2. 装载实施

（1）标画行进方向线。为使指挥人员和驾驶人员在夜间相互密切配合，需用白灰在站台和平车上标画出醒目的方向线，使工程机械沿方向线行进。

（2）采取灵活的指挥措施。夜间装载，能见度差，可采取多样的指挥手段：如指挥员戴白手套，用手电筒指挥，还可用口令和其他音响信号指挥，时刻观察，注意安全，要密切注视机械运行状态，发现偏移和异常情况，迅速向指挥员发出信号。

（二）雨雪冰冻条件下的装载

工程机械等在雨雪冰冻条件下进行装载时，容易产生滑动和车轮、履带打滑空转，因此需要做好如下两点工作：

（1）组织人员清除装载场地，如清除站台、平车上的淤泥、积水和冰雪；

（2）采取防滑措施，如以草袋、柴草、砂石、锯末和炉灰等进行铺垫，必要时车轮胎安装防滑链，以防滑动。

五、工程机械的加固与捆绑

（一）加固捆绑器材

常用加固捆绑器材包括三角木、方木、挡木、扒钉、钉子、铁丝、绞棍等。

三角挡（木）：木制三角挡（长350mm、底宽250 mm、高不小于150 mm），铁塑三角挡（长350mm、底宽255mm、高170mm），铁塑轮梢（长460mm、底宽402mm、高270mm），配合使用专用钢钉。

方木：长500mm，宽200mm，高160mm。

挡木：长400mm，宽100mm，高100mm。

扒钉：长200mm，直径10mm，钉爪长45~60mm。

钉子：长不小于150mm，直径不小于5mm。

铁线：8号线，直径4mm。

绞棍：长600mm，直径50mm。

轮式装备的捆绑，也可使用制式紧固器。

（二）加固捆绑方法

平装四轮工程机械，以四块三角挡（木）和八个扒钉（或钉子），分别钉在前轮之前和后轮之后（也可钉在前轮之后和后轮之前），对于两轮的机械则分别钉在两轮前后。按规定需要捆绑的工程机械，用三角挡（木）、方木先固定，再以四股铁丝将前后轮（轴）捆绑于平车的绳钩上，斜拉成"八"字形，用绞棍绞紧。

跨装机械，以四块三角挡（木）放于后轮的前后，以两块挡木分别置于前轮外侧50~100mm处，以防车轮左右移动，需要捆绑的机械，再以四股铁丝将其后轮绑于平车绳钩上，拉成"八"字形，用绞棍绞紧。

爬装机械，以四块三角木放于后轮前后拖紧钉固，再以四股铁丝将轮绑于平车绳钩上，呈小"八"字形。

加固时要注意，三角木要放平摆正，大面向下，贴于轮胎，用铁钉或扒钉打牢，履带式工程机械，一般要用方木加固，绑铁丝的直径一般应在4mm（8号线）以上，直径小于3.5mm的铁丝应以数股拧成一根使用，直径小于2.6mm的铁丝禁止使用。

不同种类的工程机械装载如图6-5~图6-9所示。

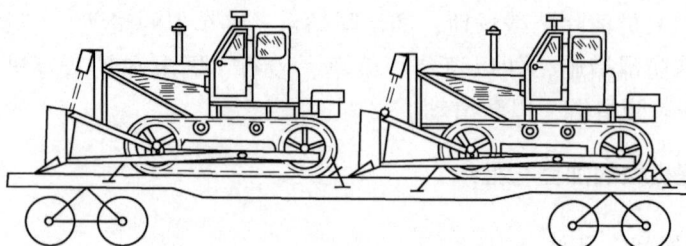

图6-5 履带推土机装载加固

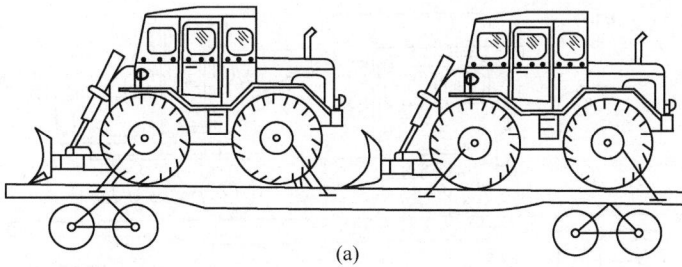

(a)

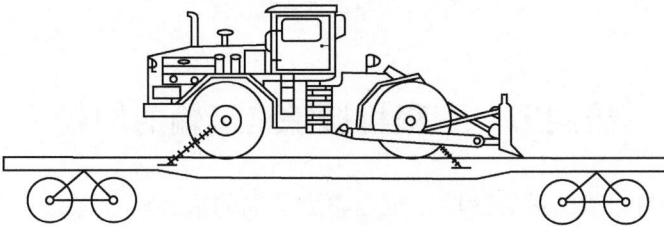

(b)

图 6-6　轮式推土机装载加固

（a）双台加固；（b）单台加固

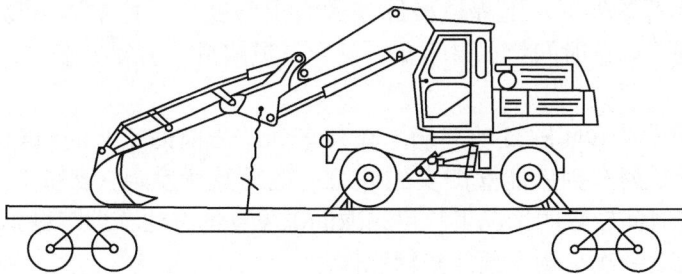

图 6-7　挖掘机装载加固

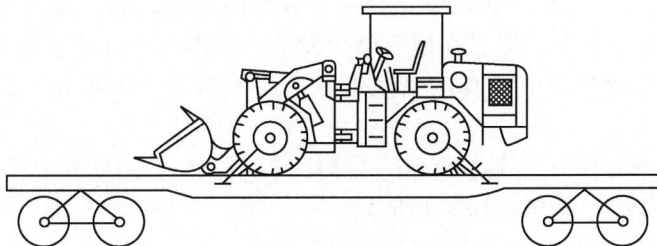

图 6-8　装载机装载加固

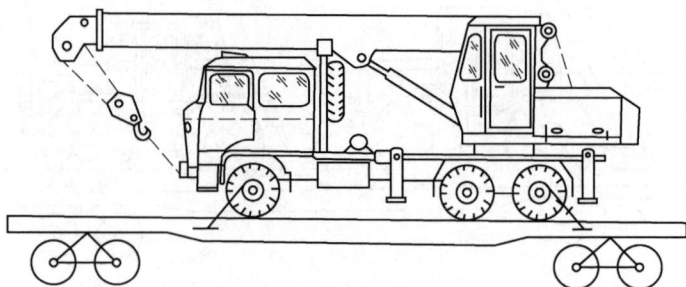

图 6-9　起重机装载加固

第四节　工程机械铁路运输的卸载

卸载是机械运输的最后阶段，也是整个运输的重要环节之一。卸载过程主要包括卸载准备、卸载实施、卸载后的工作等内容，卸载工作要求快速、安全，卸载质量的好坏直接影响运输任务的完成。

一、严寒冰雪条件下机动车辆的卸载

在严寒冰雪条件下，工程机械卸载的突出问题：一是车辆不易发动，"死车"多，易延误卸载时间；二是平车、站台、道路滑，易发生事故。为此可采取以下措施。

（1）提前发动和间歇发动车辆。在列车到站之前的适当时机就组织驾驶员发动车辆，保证列车到后能立即实施卸载，也易及早发现"死车"，采取措施，在严寒区运行时间较短的情况下，可采取间歇发动的办法，即驾驶员在运行途中走一段时间发动一次车辆，预热车辆机体。

（2）在卸载点准备好热水，保障机动车辆的快速启动，加热水发动是在严寒条件下普遍采取的方法之一，水温要求在 $60\sim80℃$ 之间。

（3）对"死车"采用牵引拖拉或人力推拉的方法卸载。遇"死车"时，可先用牵引机具拉下平车，然后在地下牵引发动，采用这种方法，需要有比较宽阔的卸载场地，在没有牵引机具的情况下，组织人员用人力推拉，以便及时腾空线路。

（4）为防滑要准备足够的防滑器材和材料，如沙子和炉灰、草袋、粗绳，卸载前先消除冰雪，然后撒沙子和炉灰。

二、卸载安全工作

（1）注意观察卸载设备的状态，如临时站台有无变化（站台连接松动、枕木折断、道钉翘起等），发现问题及时进行加固处理；

（2）注意观察工程机械行走状态，以防机械坠落车下；

（3）对铁路平车要采取措施进行保护，有条件时，安装平车保护器材，没有保护器材时，要准备好沙、土、柴草等铺垫物，以便在卸载时随时进行铺垫。

三、意外情况处置

卸载过程中，对可能发生的意外情况要有充分准备，如机械轮掉在平车与站台或两平车之间时，要迅速组织人力进行起复。事前，准备枕木、千斤顶、起复器等器材，当机械熄火发动不起来时，可用前辆机械牵引或组织人力推拉，当平车板被压坏影响卸载时，要立即修复或用渡板、铁板等铺垫。总之，对发生的意外情况要果断处置，保证卸载顺利进行。

第七章　抢险救灾工程机械及其运输发展

历次救灾行动虽然取得了很大成效，但同时也暴露出我国应急救援体系存在着许多薄弱环节，主要包括救援装备数量太少、救援机型不配套、基础设施不健全、航空救援体制不完善、缺乏专业救援队伍等。针对工程机械参与的救援行动，应切实采取措施，建立高效的运输系统及模块化、多样化、智能化工程机械，进一步提高工程机械救援能力，努力把可能出现的灾害的损失降到最低限度。

第一节　抢险救灾工程机械发展

一、信息智能化

随着计算机网络技术、信息通信技术等先进技术不断地更新与完善，抢险救灾的需求也向着多样化的方向进行发展。在工程机械未来发展的阶段中，要向着信息化时代发展，在信息技术的催化下，实现充分的融合与集成，采取相应的信息技术，使机械向着更高的自动化、智能化方向发展，遥控与无人驾驶工程机械得以产生，这类机械的特点如下。

（1）自动化程度高，具有信息处理功能，可将传感器检测出来的各种信息实施存储、运算、判断、变换等处理加工。

（2）具有较好的信息输入、输出接口。机械通过集成系统能形成不同机种的最佳匹配和组合，取长补短，发挥最佳效用，美国及日本均拥有此类产品并仍在研究该项技术，采用该技术可提高在有害环境及危险环境下的施工作业效率，保障了人身安全与健康。

二、功能多样化

为满足完成多样化任务的需要，一机多用、作业功能多样化是近年来工程机械设备的一个新亮点。工程机械由单一功能向多功能转变，将大大拓宽工程机械的应用领域，如液压挖掘机的多样化使同一主机就可完成挖掘、装载、破碎、剪切和压实等作业，多功能化作业装置改变了以往的单一作业方式，多种作业已突破大、中型工程机械应用的局限，在小型和微型工程机械上也开始了应用，驾驶员可在驾驶室里完成更换不同作业装置的动作，有效提升了作业效率。

三、机电一体化

现代工程机械正处在一个机电一体化的发展时代，引入机电一体化技术，使机械、液压和电子控制等技术有机地结合，极大地提高了工程机械的各种性能，如动力性、燃油经济性、可靠性、安全性、操作舒适性及作业精度、作业效率、使用寿命等。目前，以微机或微处理器为核心的电子控制装置在现代工程机械中的应用已相当普及，电子控制技术已深入工程机械的许多领域，如摊铺机和平地机的自动找平，摊铺机的自动供料，挖掘机的电子功率优化，柴油机的电子调速，装载机、铲运机变速箱的自动控制，工程机械的状态监控与故障自诊等。

四、设计模块化

模块化设计技术是在对一定范围内的不同功能或相同功能不同性能、不同规格的产品进行功能分析的基础上，划分并设计出一系列功能模块，通过模块的选择和组合可以构成不同的产品，满足市场的不同需求的设计方法，其最终原则是力求以少数模块组成尽可能多的产品，并在满足要求的基础上使产品精度高、性能稳定、结构简单、成本低廉且模块结构应尽量简单、规范，模块间的联系尽可能简单。

总之，通过提升运输系统、改进工程机械，尽可能地达到抢险救灾行动的实质：与时间赛跑，使所需工程机械及时运输到灾区，发挥救援作用。

（一）挖掘机的发展趋势

挖掘机未来的发展趋势如下。

1. 多功能化

挖掘机多功能的应用与配套已相当成熟，20t级以下挖掘机多功能应用基本都非常普遍，除了常规的破碎锤、液压剪、蛤式斗及各种抓斗外，螺旋钻、倾斜斗、破碎斗、开沟机、振动夯、割草机等应用也很普遍，他们之间的更换基本都靠液压快换接头实现，还有配置了加长臂的特殊工作装置，以及配有快换接头的可以整体更换的工作装置，配有加长臂特殊工作装置的挖掘机可用在拆除等施工作业中大大超越普通工作装置的作业范围，可实现更高层建筑的拆除作业。

2. 紧凑化

目前小型挖掘机是紧凑型机器的典型代表，而其中的小回转和无尾型挖掘机更是其中的佼佼者，一般这种紧凑型挖掘机的吨位多在10t以下，而近几年随着工程现场的多样化要求，相继推出了较大吨位的无尾型产品。因此，紧凑型挖掘机在未来的市场中将成为一种强有力的竞争机型。

3. 智能化

随着机电一体化技术在工程机械上的广泛应用，智能化已经成为工程机械的一种发展趋势。注重挖掘机的信息化研究、故障记录及诊断系统，采取远程故障诊断与故障分析系统，提供多种模式的故障判读与解决方式，可通过远程的故障诊断系统，实时地对整机的状态进行监控，并及时与机主或者操作手联系，保养或者排除故障，而其售后的技术人员还配有手持式的终端，通过手持式终端与整机的控制系统连接后，下载所有的故障数据，进行离线分析，了解整机状态，提供合理的建议及解决方案。

在挖掘机上应用计算机控制技术，计算机自动监测液压系统和柴油机的运行参数，如压力、柴油机转速等，并根据这些参数自动控制整个挖掘机动力系统运行在高效节能状态。采用 FADEC 全权数字控制电喷技术可明显保证挖掘机的发动机运行在高效节能状态，这种智能发动机与 PCS 精准液压系统联合控制，根据工况自动调整动力输出，使作业效率与燃油消耗量最佳匹配，6 缸 24 气门 FADEC 数字式电控直喷发动机可以做到节省燃油 30% 以上。FADEC 发动机具有信息全面监控系统，能对发动机全面监控，例如，当出现进气含氧量不足、柴油水含量超标、机油压力低、进气管温度偏高等情况时，会提前报警并且自动降速，全面保护发动机，降低故障发生率，大大延长发动机的使用寿命。

大中型挖掘机以传统方法普遍采用电喷发动机，多数都具有功率模式控制，基本原理是采用多挡的功率模式供选择，操作手可以利用自身经验，在不同的工况下采用不同的功率模式，达到充分利用发动机功率、降低油耗的目标，有效地提高了整机的燃油经济性，自动怠速功能早已成为常见功能。因此，新能源技术在挖掘机行业有着广阔的市场前景，混合动力技术成为目前的重点之一，较为突出的是一款动臂势能回收轮挖掘机，该机型工作装置以三节臂及油缸为标准配置，只采用一个蓄能器，增加了一套独立的配油系统和一个中央控制器，将动臂下降的势能进行回收储存，通过智能控制程序在挖掘机需要动力时进行释放。

（二）推土机的发展趋势

根据推土机的发展历程，现在和未来一段时间推土机的发展将集中在以下几个方面。

（1）环保型推土机。环保型推土机发动机的排放性能已逐步达到美洲标准和欧洲标准，电喷技术、电控技术的不断推广普及使推土机燃油消耗率更低、经济性更好、对环境的污染更小。

（2）高可靠性。高可靠性是工程机械产品追求的主要目标之一，从零件的设计到实际应用将采用更先进的手段进行检测和试验，保证每个零件和部件都能达到预期的设计寿命，从而提高整机的可靠性。

（3）计算机控制状态监测和故障诊断。状态监测能同时监控发动机燃油页面高度、冷却液温度、变矩器油温和液压油温等机械的作业状态。故障诊断系统为设备的维修保养提供可靠的技术手段，计算机技术、机械、电子、液压控制技术的一体应用将使用户和制造商早期发现产品故障，减少停机损失，使推土机操纵更加灵活、轻便、准确，使推土机整机效率更高，功率发挥更充分。

（4）驾驶室舒适性。驾驶室舒适性是提高司机工作效率的有效途径之一，机、电、液一体化技术的应用为驾驶室的舒适性提供了先决条件，推土机的安全性和舒适性是选购推土机的主要因素之一。

（5）智能化。所谓智能化，是在工程机械机、电、液一体化的基础上与微型计算机自动控制结合起来，通过安装各种传感器来获取工作环境的信息，使其具有自我感知、自主决策、自动控制的功能。目前工程机械智能化控制技术体现在两个方面：一是以简化驾驶员操作，提高车辆的动力性、经济性、作业效率及节省能源为目的的机械、电子、液压融合技术；二是以提高作业质量为目的的机、电、液一体化控制技术。

（6）非接触式自动找平技术。虽然自动找平控制方式及原理多样，但总的控制目标都是通过调整牵引点位置来达到找平的目的。目前比较先进并开始应用的主要为非接触式自动找平技术，包括激光自动找平、GPS自动找平与超声波自动找平。

1. 激光控制

激光控制机械自动找平系统是一种专门用于对施工作业面进行高精度平整的光、机、电、液一体化自动控制设备，是专门与施工机械配套并提高其自动化水平的重要手段，是当今世界上最先进的整平作业技术之一。激光导向推土板自动调平装置，控制精度高，用于定坡导向时误差可控制在0.01%以内，控制铲刀切土深度时地面垂直标高均方根偏差小于±30mm。推土机安装激光控制机械自动找平系统主要是将激光信号转化为电信号，控制器根据电信号的变化控制电磁比例液压换向阀，最终控制铲刀提升液压缸实现平整作业，但是，激光自动找平对施工现场管理要求较高，特别是要避免人员流动和杂物等引起系统工作不稳定。图7-1为激光控制铲刀工作原理图。

发电机4为激光辐射器2提供能源，激光器释放定向激光束11，控制装置9调整接收器液压油缸6的工作高度，使激光接收器5对准激光束，按预定的切削深度进行作业。在作业过程中，调平系统及时根据所检测的铲刀相对高度，通过电—液伺服控制回路，自动修正铲刀的离地高度，调整铲刀入土深度，使接收器快速准确跟踪激光束，保护铲刀始终在恒定高度。

激光发射器一般安装在作业区外，有固定式和旋转扫描式两种。固定式激光器发出一束定向激光，可被直线作业的推土机激光接收器有效接收；旋转扫描式

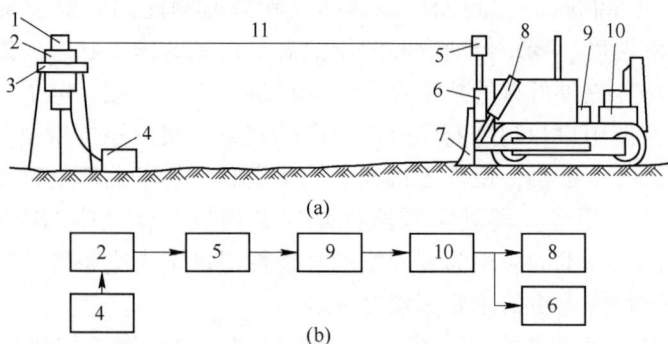

图 7-1 激光控制铲刀工作原理图

1—转动探头；2—激光辐射器；3—可调式三脚架；4—发电机；5—激光接收器；6—接收器液压油缸；
7—推土铲刀；8—铲刀升降油缸；9—控制装置；10—液压油箱；11—激光束

激光辐射器使激光束连续旋转，形成一个高精度的激光辐射基准平面，适合推土机进行大面积场地沿任意方向或弯道非定向平地作业使用。

2. GPS 三维高程控制

GPS 卫星系统是通过卫星向全球用户提供连续实时三维位置（经度、纬度、高度）、三维速度和时间信息的全球定位系统，GPS 包括空间部分：GPS 卫星星座，地面控制部分：地面监控系统，用户设备部分：GPS 信号接收机。三维 GPS 推土机控制系统，基本组成有笔记本电脑、驾驶室内控制微机和显示屏幕、固定 GPS 基准站和移动 GPS 接收机。笔记本电脑通过闪存盘将设计数据输给控制微机，控制微机将 GPS 测量数据进行坐标变换，在显示屏幕上显示推土机刀板位置和设计数据，同时微机发出控制信号（高度和倾角），利用 GPS 接收器确定推土机当前位置和刀板标高，并与预先输入在控制微机里的数字地形模型进行比较，彩色显示屏真实直观地把刮板位置和道路的横截面图显示出来。GPS 3D 使用于推土机进行土地粗平，其高程控制精度为 20~30mm，克服了激光、木桩、线绳等限制，可减少测量和工程造价，广泛用于公路、铁路、堤坝等大型设备土方工程建设，该系统尤其适用于立体交叉高速公路的复杂曲面形状路面的推土施工。在 GPS 定位和导向的指引下，可以不用或简化人工操纵，实现对推土机的精确控制、铲刀的实时定位及平针，掘土和运土的完全自动化，腕足垂直曲线、过渡点、超高曲线和复杂站点等要求苛刻的工程建设需要。

3. 超声波自动找平

近年来兴起的超声波自动找平技术，可以不受施工现场条件的影响，系统工作更稳定，例如，平地机和推土机自动找平控制系统（MOBA GS506 grader leveling control system），可对铲刀纵向、横向高度及坡度进行控制，既可采用超声波滑靴方式，也可采用激光接收仪方式，根据需要交换使用。

CAN 是一种标准通信协议（ISO 11898）配以主计算机的协调，用串行网络方式实现执行机构与智能传感器之间的通信。在机械设备中，信息网与每种单元（每单元均有独立的微控制器）互联，从而与主机之间建立起常规的通信通道。CAN 总线数据段长度最长有 8 个字节，通信速率可达 1Mbit/s，保证了通信的实时性，同时受干扰的概率低，可满足工程机械控制的需要；多主站依据优先权进行总线访问；无破坏性的基于优先权的仲裁；具有良好的抗干扰性与纠错功能，每帧数据都含有 CRC 校验及其他校验措施，总线节点在严重错误情况下可自动切断与总线的联系，使总线上的其他操作不受影响。在 CAN 的基础上，目前在应用层比较常用的协议中，CANopen 广泛用于工程机械。CANopen 是基于 CAN 开发的应用层协议，是单主站（master station）系统，系统的运行由主站控制，CANopen 是基于 CAN 串行通信的网络系统，它假定硬件设备的收发器和控制器完全遵循 ISO 11898 标准。

网络机群控制通过 GPS 和无线通信技术使机载电子控制系统与地面基站实现网络化，实现工程机械机群作业的统一管理。

（三）装载机的发展趋势

随着新材料、电子信息技术的不断发展，从以下几个方面来分析装载机的发展趋势。

（1）新产品新结构不断涌现。近年来，装载机围绕提高效率、降低成本的核心，继续向大型化、微型化两个方向发展，不断推出新产品，加速更新换代。微电子技术的突破性进展为装载机自动控制、状态监测及视线范围内遥控技术的发展创造了条件。柴油发动机自动控制喷油系统、变速箱自动控制换挡、性能参数和状态监视均取得重大进展，在视线内遥控作业已进入实用阶段，从而改善了性能、提高可靠性、缩短停机时间、增加生产能力、降低燃油消耗，取得了更大的经济效益。

（2）功能不断提升。各子系统及整机系统广泛应用微电子技术与信息技术，如液压、转向、速度、引擎等控制系统，不断提升智能化控制，完善了计算机辅助驾驶系统、信息管理系统及故障诊断系统。未来的工程机械更加注重网络通信、协同工作的能力，如通过全球定位系统（GPS）和无线通信技术（CDMA、GPRS、GSM）等，使机载电子控制系统与地面基站实现网络化，协同控制路线导航、多个车辆之间的控制调度，实现工程机械群作业统一管理。

（3）更加注重人性化设计，提高舒适性。采用吸声材料、噪声抑制方法等消除或降低机器噪声，充分考虑人的生理需求、活动空间、仪表位置、操作手柄和踏板、座椅、能见度、防噪和隔振、温度、安全措施等，使之符合人机工程学要求，使司机在轻松、舒适、安全的环境下高效工作。

（4）安全性更高。广泛采用高性能轮胎、轮胎电子监测系统、防滑防超速系统及落物保护装置（FOPS）和翻车保护装置（ROPS）系统。未来发展趋势是采用视觉传感器对车辆周围一定区域进行扫描，通过计算机发出控制指令，并能根据信息提前控制车辆的加速、减速、刹车等，代替人的指令实现智能驾驶、无人驾驶等。

（5）更加节能环保。通过不断改进电喷装置，进一步降低柴油发动机的尾气排放量；研制无污染、经济型、环保型的动力装置；采用新能源动力，如甲醇、天然气、太阳能等能源；采用能量循环系统，如液压能量回收系统，可重复利用一部分能量，降低能耗。

（四）起重机的发展趋势

科学技术的飞速发展，推动了现代设计和制造能力的提高，激烈的国际市场竞争也越来越依赖于技术的竞争，这些都促使起重机的技术性能进入崭新的发展阶段，起重机正经历着一场巨大的变革。根据起重机的新理论、新技术和新动向来分析起重机的发展趋势如下。

（1）通用产品向轻型化、标准化发展。有相当批量的起重机是在通用的场合使用，工作并不是很繁重，这类起重机批量大、用途广。考虑综合效益，要求起重机尽量降低外形高度，简化结构，减小自重和轮压，也可使建筑物高度下降，建筑结构轻型化，降低造价。

起重机的结构方面要更多采用薄壁型材和异型钢，减少结构的拼接焊缝，提高抗疲劳性能，采用各种高强度低合金钢新材料，提高承载能力，改善受力条件，减轻自重和增加外形美观。桥式起重机的桥架结构型式大多采用箱型四梁结构，主梁与端梁采用高强度螺栓联结，便于运输与安装。

起重机在机构方面进一步开发新型传动零部件，简化机构运行。"三合一"运行机构是当今世界轻、中级起重机运行机构的主流，将电动机、减速器和制动器合为一体，具有结构紧凑、轻巧美观、拆装方便、调整简单、运行平稳、配套范围大等优点。

在电控方面开发性能好、成本低、可靠性高的调速系统和电控系统，发展半自动和全自动操纵，用机、电、液一体化技术，提高使用性能和可靠性，增加起重机的功能。

（2）产品向模块化、组合型发展。用模块化设计代替传统的整机设计方法，将起重机上功能基本相同的构件、部件和零件制成有多种用途，有相同联结要素和可互换的标准模块，通过不同模块的相互组合，形成不同类型和规格的起重机。

（3）专用产品向大型化、自动化发展。目前世界上最大的履带起重机起重量达 3600t，最大的桥式起重机起重量达 20160t，集装箱岸边装卸桥小车的最大运行速度已达 350m/min，堆垛起重机最大运行速度为 240m/min，垃圾处理用起重机的起升速度达 100m/min。工业生产方式和用户需求的多样性，使专用起重机的市场不断扩大，品种也不断更新，以特有的功能满足特殊的需要，发挥出最佳的效用，例如，冶金、核电、造纸、垃圾处理专用起重机，防爆、防腐、绝缘起重机和铁路、船舶、集装箱专用起重机的功能不断增加，性能不断提高，适应性比以往更强。国外研制出一种飞机维修保养的专用起重机，在飞机制造和维修领域打开了销路，这种起重机安装在房屋结构上，跨度大、起升高度大、可过跨、停车精度高。在起重小车下面安装有多节伸缩导管，与飞机维修平台相连，并可做 360°旋转。通过大车和小车的位移、导管的升降与旋转可使维修平台到达飞机的任一部位，进行飞机的维护和修理极为快捷方便。

在起重机单机自动化的基础上，通过计算机把各种起重运输机械组成一个物料搬运集成系统，通过中央控制室的控制，与生产设备有机结合，与生产系统协调配合。这类起重机自动化程度高，具有信息处理功能，可将传感器检测出来的各种信息实施存储、运算、逻辑判断、变换等处理加工，进而向执行机构发出控制指令。这类起重机还具有较好的信息输入、输出接口，实现信息全部、准确、可靠地在整个物料搬运集成系统中的传输。起重机通过系统集成，能形成不同机种的最佳匹配和组合，取长补短，发挥最佳效用。

（4）产品安全向多样化、智能化发展。起重机安全技术的更新和发展，在很大程度上取决于电气传动与控制的改进，将机械技术和电子技术相结合，将先进的计算机技术、微电子技术、电力电子技术、光缆技术、液压技术、模糊控制技术应用到机械的驱动和控制系统，实现起重机的自动化、智能化和高度安全性。大型高效起重机新一代电气控制装置已发展为全电子数字化控制系统，主要由全数字化控制驱动装置、可编程序控制器、故障诊断及数据管理系统、数字化操纵给定检测等设备组成，重点开发以微处理机为核心的高性能电气传动装置，使起重机具有优良的调速和静动特性，可进行操作的自动控制、自动显示与记录，起重机运行的自动保护与自动检测，特殊场合的远距离遥控等，以适应自动化生产的需要。

今后会更加注重起重机的安全性，研制新型安全保护装置，重视司机的工作条件，应用人体工程学设计司机室，降低司机的劳动强度。近年来，为解决起重机吊钩的防摆控制，开发了模糊逻辑电路的控制技术，用神经信息和模糊技术来寻找开始加速的最佳时刻，将有经验司机防摆实际操作的数据输入系统，实现最优控制。模糊控制方式能确定实施自动工作的控制指令，将人们主观上的模糊量通过模糊集合进行数字化定量，再利用计算机实现像熟练司机一样的自如操作，取得了更高效率和安全性，模糊控制作为新的控制方法已引人注目。

第二节　抢险救灾运输系统

在抢险救灾过程中，时间就是生命，因此在工程机械运输方式上，下一步应重点发展航空运输。

（1）着重发展中型运输机和高原型飞机。在我国主力运输机型最大载重量较小。在抗震救灾行动中，只有少数型号的运输机能够少量地承担急需工程装备的运输任务，其余绝大部分工程装备只能通过铁路运输，导致人员与装备的脱节；救灾人员因缺乏相应的机械装备而无法疏通道路，导致灾后前两天救援一线重灾区的行动进展缓慢，灾区挖掘工作也由于缺乏重型机械困难重重。对比外军，美军共装备各式运输机约 1750 架，其中可用于大型装备运输的 C-5A 型运输机 90 架，C-17A 型运输机 40 架，全部运输及一次出动可运送人员约 15 万人或物资装备约 5 万吨。因此，在引进大型战略运输机的同时，还应着重发展中型战役战术运输机，扩大队伍规模，增加编制数量，打造我军航空战略投送的中流砥柱。

（2）加强运输直升机队建设。从抗震救灾出动的直升机来看，民用直升机出动 34 架。由于救灾任务飞行区域多高原山地，地理气象等条件较为复杂，对直升机有特殊要求，因此，能够适应高原飞行的民用直升机实际上已经全部投入，再无动员空间。投入抗震救灾的军用直升机型号虽多，但几乎全部来自国外引进，比如"米"系列是从俄罗斯引进的，"黑鹰"是从美国引进的，"超级美洲豹"是从法国引进的，而国产的"直-8"是法国"超黄蜂"的仿制品，"直-9"则是从法国引进的技术。

（3）优化航空救援的规划和布局。1）对航空救援飞机的发展必须有一个明确的分阶段的发展规划，并在全国范围内进行综合布点，使之具有合理的覆盖面和飞行半径；2）对机场和起降点必须有一个科学规划，除了机场要合理布局外，要在高速公路等建设中，考虑救灾起降点的需要，适当提高建设标准，规划实施更多的起降点，以备灾时应急之用。

（4）完善航空救援体制。目前军队航空救援和民航救援双轨制救援体制在地震救援中发挥了重要作用，军队和民航参加航空救援已成为我国地震救援的传统，也是一大优势，在今后的地震救援中应该继续发挥其重要作用。在坚持军队航空救援和民航救援的同时，还要注重加强对两大救援体制的协调，建立一个具有统一协调功能的航空救援应急中心，旨在对航空救援飞机的发展、飞机的布点及机场和起降点的布局做出全面合理的规划，对航空救援新经验、新技能进行推广和培训，并加强对地震救援过程中航空救援力量的优化配置等。同时，促进低空开放，加强空域资源的开发，鼓励发展民间航空救援力量，实现航空救援力量的多元化，不断壮大航空救援整体能力。

参 考 文 献

［1］ 黄谱忠.《抢险救灾行动概论》［M］. 北京：国防大学出版社，1998.

［2］ 陈颙. 院士谈减轻自然灾害 ［M］. 北京：地震出版社，2020.

［3］ 张金兴. 工程机械在灾害治理方面的技术发展趋向 ［J］. 工程机械与维修，2008（12）：129.

［4］ 谢明武. 工程机械应急救援现状及需求分析 ［J］. 建设机械技术与管理，2013，26（7）：129-131.

［5］ 陈晓东. 救援装备 ［M］. 北京：科学出版社，2014.

［6］ 2020 年交通运输行业发展统计公报 ［EB］. 交通运输部网站，2021.5.19.

［7］ 陈小剑. 船舶货物布置和系固 ［M］. 上海：上海交通大学出版社，2011.